改訂版

文明のサスティナビリティ

野田正治

鳥影社

はじめに

本書の土台となった『文明のサステイナビリティ』は二〇〇九年に発刊され、二〇一六年度までエネルギーや環境問題を扱った教科書として使い続けてきました。その間、二〇一一年三月、東日本大震災に伴って東京電力福島第一原子力発電所の爆発が起きましたが、本書の主張するエネルギーや環境問題に変更が生じることはなく、使い続けることができました。なぜなら、原発の原料はウランで有限な化石燃料であり、本文にあるように「高リスク」であったからです。

研究によって、三陸沖の地震と津波は予測されており、規模も『地震の日本史』（寒川旭著、二〇〇七年）に予測する根拠が提示されておりました。しかし実際は、それらの予測は無視されて、日本中が放射能汚染にさらされ、現在でも立ち入り禁止区域が残されています。今後の事故処理の目途はいまだ立たず、放射能汚染水が地下水となって海へ流れ出している現状は一般に知らされず、どのような影響があるか、わかっていません。

二〇〇八年の世界金融危機から間もない時期に起きた災害ですが、人類に啓示された予兆のような気がしています。実態のない金融に躍らされるごとく、原発の安全神話によって、安全でないものが安全と認識されたために、危機対応がなされなかったのです。危機対応することは安全でない証拠だから、危機対応はしなくてよいとの判断です。つまり、人類は人類によって危機に陥ることがわかったのです。

今の世界は様々な分野で学問や仕事が細分化され、そこに専門家がいて、それぞれにその狭い分野について意見を言っている状態です。それはそれで問題ないことですが、地球環境とそこに暮らす人類はこれから先どうしていったらよいのかというテーマではなかなか明快な答えがないように思えるのは私だけではないと思います。

そこで建築家として、また目白大学の特任教授として環境問題の話をしている身として、これからの社会のあり方の指針をなにか形あるものにして、世に知らしめたいと大それた考えを抱いたわけです。

これからの社会は地球環境を含め、どのように変化していくか定かではありません。はっきりしていることは、石油を含め化石燃料（自然界に存在する有限な資源）が数十年でなくなることです。それはどういうことを意味しているか、化石燃料の枯渇は現代の文明に衝撃的な影響を及ぼすと考えられます。そして若い皆さんや自らの子孫が生きている間にそれが起こるということです。

今の社会は化石燃料なくしては何もできません。それがなくなるわけですから激変することは必至です。そこではなにが重要でなにが必要ないのか、選択を迫られることでしょう。石油がなくなったら自動車は動きません。電気もほとんど使えなくなるでしょう。衣服も綿製品などに限られます。化学繊維もなくなってしまいます。プラスチック製品もなくなります。

十数年先には兆候が出てきそうです。それではどうしたらよいのか、それには持続可能な社会の構築ということが言われています。持続可能な社会とは簡単に言えば枯渇してゆく化石燃料に頼らず、社会を動かすエネルギーを常に人類自ら生み出すことの出来る社会とすることです。再生可能なエネルギーを使って生活のできる社会です。しかし、確かな答えはまだ聞こえていません。専門家が大勢いるのに確かな答えはないのです。世界の行くべき方向を示すことができない。そのような社会となってしまいました。ただし、ある一面から切り口があるように思います。それは生物としての人間を考え、意識ではなく、身体を包むものを考えることです。頭脳で考える金融や政治によって左右されるのではなく、もっと具体的な身体を保ち、保護してくれるものから考えたらよいと思います。

人類は過去においては洞窟や竪穴住居で生活をしていました。今は戸建て住宅や集合住宅に住んでいます。人類は身を包むシェルター（英 shelter ＝雨、風のしのぎ場、避難所）を必要としているのです。

また人類は他人と暮らすことを望んでいます。それは都市です。石油が無くなったら、全く今と異なる家や都市に住むのでしょうか。過去を捨てて月にでも移住するのでしょうか。そうではなく、やはり都市の中のシェルターに住んでいるでしょう。そこでは、やはりなにが必要でなにが不要なのか選択を迫られます。

何らかの結論を得る為には都市の歴史や住宅の歴史なども今一度辿っておかなければなりません。それも持続可能社会という視点から再検討されるべきでしょう。

この本の題名は「文明のサスティナビリティ」となっています。サスティナビリティとは持続可能性と訳しますが、これからの都市のイメージを再生可能なエネルギーを通して構築したらどのようになるかと思考した結果を書きました。これは一九九八年京都市主催「二一世紀京都の未来」という国際設計コンクールで入選した私の計画案「庭園都市（ハイブリッド・パーク・シティ）」を下地にしています。

また、十九世紀の終わりに書かれた『明日の田園都市』（エベネザー・ハワード著）という有名な本がありますが、これは産業革命によってスラムと煤煙の漂う場所になった都市から脱出しようというコンセプトでした。

　しかし本書では、化石燃料を使わない、持続可能な共生する都市にもう一度戻ろう。化石燃料を消費してきた産業革命の反省に立ったならば、人類の住み方も再検討すべきことだと考えました。それは、まさに文明が持続可能かどうかという問いに等しいものであります。

　また本書はもうひとつ別の目的もあります。皆さん一人ひとりに社会人として是非知っておいて欲しいことがあるのです。この日本社会の根源はどのようなものなのか、その歴史はどのようなものか、社会にはどのような規則があるのか等々、一般的見解ではなく、物理科学的なハードな見解を示したいのです。

　皆さんにもう少しハード的な知識があったらいいのにと考えた次第です。社会一般にはどちらかというと文明論や金融の再生、格差問題などソフト的な話が多いと思います。しかし、前述の如く社会は確実に変化します。特にハードな部分に多いはずです。化石燃料からの転換が起きます。それはエンジンが変わるということです。発電方法が変化します。おそらく家庭で発電する方式となるでしょう。

　以上様々なことがどのように変化していくのか。またどのように変化すべきかを判断する物理的基礎知識が必要となるでしょう。これがこの本を書かせた動機です。そこで本の構成としては、まずエネルギーの変化に対する話から始めて、それが都市や住居に与える変化を述べます。最後に都市や住居での暮らしへの影響について話したいと考えています。

　これからの都市について、できるだけ多くの人たちにエネルギーや住居の変化を知っていただいて、よりよい社会を構築していって欲しいと望んでいます。そしてこの本が少しでも持続可能社会の創設に役立てばと願ってやみません。

改訂版　文明のサスティナビリティ　目次

第Ⅱ章　都市のゆくえ

第Ⅲ章　これからの住居

第Ⅳ章　人間とくらし

改訂版　文明のサスティナビリティ

序論

産業革命は新たな文明の始まりであった。それ以降、この地球に起こったことは、全てに巨大でバブルな出来事であった。大量生産で生み出される大量な物質とその産業廃棄物による地球的汚染、大規模な戦争、金融崩壊、地球人口はなんと八倍以上に急増している。これは産業革命以降を支えた経済思想が「劣化しない無限の自然＝地球」を前提としていたからにほかならない。

資源は使っても減少せず、産業廃棄物は自然が浄化してくれるものと信じていた。またその経済思想によってコミュニティ・スピリットやアイデンティティといったものは崩壊し、地球環境の悪化がますます深刻なものとなってきた。

二十一世紀は変化の時代でなければならない。産業革命以降歩んできた道を方向転換して、難破していく宇宙船地球号の舵取りを正常に戻す必要に迫られている。そしてポスト・モダンという、さらに新しい文明を構築する時が来ている。

したがって、二十一世紀の課題のひとつは今後の地球環境に如何に人類の生息圏を組み込んで行くかということであり、地球に生きる生物として謙虚に考えていく必要がある。

それには、都市に於いては車交通の沈静化や新しい再生可能なエネルギーの開発と廃棄物ゼロというコンセプトで対応する必要がある。それによって産業構造を転換し、新しい雇用を生み出すと共に、地球環境の劣化を防ぐことが可能となる。

また、以上のようなハード面とは別に、同じ地球上の他の生物に対しても謙虚な心を持った環境再生が必要となる。それは生活環境に対する愛着心を持つことと同義であって、環境再生の強いエネルギーとなる。

生活環境に対して浮かんでくる深い愛着は過去の歴史的な蓄積だけでなく、もっと強烈なものとして、すべてのものを剝ぎ取ったあとに残る「山河のイメージ」であり、これこそがコミュニティ・スピリットやアイデンティティを復活させるひとつのキーポイントとなる。

以上述べてきたこと、つまり、新しい再生可能なエネルギーの開発、都市や住居のあり方への再考、人間のくらしの再検討や地域の自然環境への愛着心を育てることをすべて抱合した「明日の庭園都市（ハイブリッド・パーク・シティ）」を提案する。

以下の文章のなかには過去の歴史や状況の説明が続く場面がある。これらは直接、問題の鍵を解くものではないかも知れないが、筆者としてはもっとも大切に考えている部分であり、今後の課題をクリアーしていく重要な知識と位置づけている。是非歴史に学び、応用していただきたい。

また、この本の題名「文明のサスティナビリティ」の指し示す意味はこの文明が持つ能力の限界を知って、新たな文明を打ち立てる時期に来たことを表している。

第Ⅰ章　エネルギーとエンジン

一．ターニングポイントとなった産業革命

十八世紀に文明の種である蒸気機関が発明されて石炭が消費され始めた。これは水を石炭で熱して水蒸気を発生させ、その圧力でピストンを押し回転運動に繋げるものであった。これが産業革命であり、牛や馬、人力に頼っていた労働の方法を変革した。驚天動地の出来事であった。（図表・1参照）

この蒸気機関は汽車や蒸気船となっていっきに世界の距離を縮めた。またその機関によって石油が掘られることになって、ガソリンエンジンの登場になってゆく。これは主に自動車に活用されていった。蒸気機関の自動車では水や石炭はかさばって重たい為、効率が悪いことが問題であった。ガソリンエンジンは石油の一成分であるガソリンを気化して爆発させ、その圧力でピストンを押し回転運動に繋げるものであった。

図表・1：品川付近を走る日本初の蒸気機関車（錦絵）

（物流博物館蔵）

この部分では蒸気機関と同じである。しかし、軽量のエネルギーを搭載した小回りの効く自動車はいっきに世界に広まって行った。これは一人の人間の行動を格段に拡げる機械であった。これも特筆すべき出来事であり、現在に至っている理由もうなずける。そしてその先に飛行機、ロケットの登場となっていく。

もうひとつ重要な電気エネルギーは石炭や石油、天然ガスを燃やして水蒸気を発生させて回転運動に変えてつくられる。原子力発電もウランの発熱によって発電される。水力発電や太陽光発電、風力発電などが物を燃やさずに発電できる方法である。原子力発電はその燃えカスも放射能を帯びていて、ほぼ一〇〇年間、人間とは隔離して保存して置かねばならない。かなりの高リスクとなっている。

産業革命以後の文明が長続きしないということがわかった。御存じのように石油、石炭は化石燃料といって恐竜がいた時代の遺物であって、有限であるということだ。産業革命によって地球環境の崩壊が起こってしまった。

産業革命以前の社会では化石燃料はほとんど使用していない。地球上で人間が集って暮らし始めてからおよそ八千年経っている。それをここ二、三〇〇年で地球の財産を全部使ってしまうのだ。いま人類の生活は便利なもので満たされている。しかし、その裏では地獄の口が開いているのだ。もう付けが回っているのかもしれない。化石燃料を燃やすことによる環境汚染、やはり石油の一成分から出来るプラスチック類の産業廃棄物による汚染が進行している。

このように現在地球上では人類の生存環境を脅かす事態が進行している。以下にその詳細を記す。

二．化石燃料の枯渇

可採年数

可採年数とは現在の使用量のままその資源を採り続けることができる年数をさす。原油は地下層のある一部分に存在する。生成については諸説あるようだが、二〇一三年発表では各エネルギーの可採年数が（図表・2）の如く示されている。石油は現在（二〇一〇年）、世界で一日九千万バレル（一バレルは一五九リットル）消費している。その計算で残り五三年となっている。

この年数をどう考えるかには温度差があると思う。筆者は建物づくりが専門なので、石油のない世界では住居は建設出来ないし、生活はできないと考えてしまう。材料が運べないし、材料も出来ない。建物が出来てもエネルギーがない。要するに人間は生きられない。そう考えているが、世界ではあまり危機感がない。

ずっと石油の埋蔵量は消費していても伸びてきた。しかしその伸びは現在止まって、減少に転じている。これからの中国やインド等の発展途上国の消費量増大を加味するならばその減少度合いは加速されると考えるのが普通であろう。

図表・2：可採年数（BP 統計 2013）

資源	可採年数
石油	53 年
天然ガス	56 年
ウラン	93 年
石炭	109 年

実はカナダでオイルサンドが見つかっている。これは砂交じりの石油という意味である。中東の埋蔵量に匹敵するらしい。しかし砂を取り除くにはかなりのコスト増で、石油が枯渇してからしか使えない。他にも新しい化石燃料が発見されるかも知れないが、どちらにしても有限である。一〇〇年やさらにその先は使用不可能であろう。また枯渇してくれば高コストになるので、今のようには消費できない。

石油埋蔵量

次に世界の石油埋蔵量（図表・3参照）を見てみたい。日本には油田がないので中東などから輸入している。エネルギーのほとんど全て（九三パーセント）、食料の約六〇パーセントを日本においては他の国の資源や食料に頼っているのが現状だ。これは随分ひどい国だと言われても仕方ない。

ここで考えて欲しい、日本は江戸時代までは資源も食糧もなにも輸入していなかった。そこでは不幸な国であったかどうか、確かに飢饉や災害はあったかも知れないが、文化的遺産には素晴らしいものがあった。なぜ資源をジャブジャブ使う国になってしまったの

図表・3：石油埋蔵量（BP統計2015）

地域別石油埋蔵量	全体1700億バレル（100%） （）内は2007年のデータ
中東	47.7% (61.5)
欧州・ユーラシア	9.1% (12.0)
アフリカ	7.6% (9.7)
中南米	19.4% (8.6)
北米	13.7% (5.0)
アジア・太平洋	2.5% (3.4)

か、産業革命が影響している。

日本のエネルギー消費量を見てみよう。（図表・4）を見るとエネルギーの約半分は石油に頼っている。日本人が日常的に使うのは車の燃料と電気、ガスだが、電気を作るのにいろいろな資源を消費している。それを（図表・5）に示す。有限の化石燃料（石炭、天然ガス、ウラン、石油）が八五パーセント以上ということに衝撃をうける。

しかも世界人口予測では、二〇〇〇年は約六〇億人であったのが、二〇三〇年には八二億人とされている。エネルギー消費量は加速されると予見される。先の可採年数からいえば一〇〇年もたない数字だ。これはなんとかしなければならない状況となっている。

石油の利用範囲

ガソリンや軽油、灯油、重油もジェット燃料（ケロシン）も原油から精製される。これらは主に輸送に使われる。その他衣類、家具、電気製品等々に使われるプラスチック類もほとんどが原油からつくられる。建材などは塗料、壁のビニルクロス等、重要な接着剤もそうだ。これがなければ合板やフローリング板材はできない。何度も言うようだが、要するに人類は石油に頼っている。これが枯渇

図表・5：エネルギー別発電量の割合
2015年（東京電力）

資源	()内は2003年のデータ
石油	8%（13.2）
ガスLNG、LPG	44%（24.3）
石炭	31%（28.2）
水力	10%（9.1）
新エネルギー	5%（2.1）
原子力	1%（23.1）
その他のガス	1%

図表・4：日本の年間使用一次エネルギーの
構成2012年（資源エネルギー庁）

資源	()内は2003年のデータ
石油	44.3%（49.7）
石炭	23.4%（20.8）
天然ガス	24.5%（13.7）
原子力	0.7%（12.1）
水	3.2%（3.7）
新エネルギー、地熱	4.0%

したら、人類の生活は成り立たないのだ。しかし、これは大問題のはずなのだが、世界はなかなか重い腰を上げようとしない。

資源の国別使用量

国別にはどのようなことになっているのだろうか。(図表・6)に示す。アメリカは日本の約四・八倍を使っている。かなりの資源浪費国ということがわかる。アメリカの人口は日本の二・四倍だから、一人当たりでは日本の二倍以上の消費をしている。

中国は人口が日本の一〇倍で、資源消費は六倍にとどまる。一人当たりでは日本の五割程度で少ないことがわかる。今後中国の消費量は増えていくが、日本人と同じ消費量になったら、化石燃料はいっきに枯渇してしまう。

しかし、日本は資源のない国にもかかわらずドイツ、フランスに比較してかなり消費している。資源を輸入し、製品化して輸出するが、この加工にエネルギーを消費しているからこのような数値となっているのだろうが、無駄も多いかもしれない。だが資源がなくなれば、この構図も崩れてしまう。国として立ち行かないことがわかる。

図表・6：主要国の一次エネルギー構成 2013 年（四国電力）

国別	資源別%						消費量 石油換算
	石油	天然ガス	石炭	原子力	水力	再生可能 E	
中国	18	5	67	1	7	2	28.5 億 ton
アメリカ	37	30	20	8	3	3	22.7
ロシア	22	53	19	6	6		7.0
インド	29	8	55	1	5	2	6.0
日本	44	22	27	1	4	2	4.7
カナダ	31	28	6	7	27	1	3.3
ドイツ	34	23	25	7	1	9	3.3
ブラジル	47	12	5	1	31	5	2.8
韓国	40	17	30	12	1	1	2.7
フランス	32	16	5	39	6	2	2.5
イギリス	35	33	18	8	1	5	2.0
イタリア	39	36	9		7	8	1.6

ここまで話せばなにを言いたいのかよく理解していただけよう。

これからの方策

化石燃料を使わない生活の仕組みを確立させなければならないことは誰の目にも明白であろう。産業革命以前、化石燃料は消費されなかったのであるから、なんとかなるのではないかと思うが、人類は便利な機械を手に入れてしまった。車や電気なくしては夜も日も明けない。車や電気を捨てて昔に戻ることは想像できないだろう。幸いにも日本には素晴らしい技術がある。この新しい技術を伸ばして諸外国に輸出していけば、国も成り立っていくのではないかと考える。

その前に人間にとって主要な、最も大切な問題が横たわっている。それを解説してから先に進むこととする。

三．水の枯渇

地下水の減少

生物である人間は水と太陽がなければ生きていけない。水を飲まないと生きていけない。太陽と水で育つ植物を食して生きている。また太陽と水で育つ植物やプランクトンを食べて育つ豚、牛、鶏、魚などを食べている。その生命の源である水が減少しつつあるようだ。

地球上にある水の九七・五パーセントは海水で、二・五パーセントが真水となっている。真水のほとんどは南極や北極の氷で人間の使える水はわずか〇・八パーセントと言われている。

日本は水に恵まれた国土を有しているが、大陸ではそうはいかない。日本列島は山で覆われている。温帯モンスーン気候のおかげで山に雨が降り、谷を通って川ができ、海にそそいでいる。山から海までの距離も短いので比較的きれいな水を利用することができる。大陸では様々な国を通過してくる河川と雨水や地下水に水供給を頼っている。

その地下水が減少して、穀物の生産に支障をきたしているという報告がある。産業革命以来、世界人口はそれ以前と比較して、今現在まで八倍に膨れ上がっている（図表・7参照）。それは化石燃料をエネルギーとする機械によって、食料の生産、輸送を格段に増やすことに成功したからにほかならない。また、住居の建設、都市の増殖もそれを助長したことも確かだ。

その人口を養う為の水も開発され続けてきたのだ。地下水を汲み上げるポンプが発明されて、どこでも水脈があれば汲み上げることができるようになった。雨などによって供給される前に汲み上げられて水脈が枯れる現象が起きている。

図表・7：世界人口の推移と予測（世界の統計 2004 年）

年代	1600	1650	1700	1750	1800	1850	1900	1950	1975	2000	2010	2020	2030
人口（億）	5	5	6.4	8	8.9	12	16.5	25.2	40.7	60.7	68.4	75.8	82

図表・8：過剰揚水で農業生産をしている諸国と人口
(Grain production from USDA2003)

国別	中国	インド	アメリカ	パキスタン	メキシコ	イラン	韓国	モロッコ	サウジアラビア	イエメン	シリア	チュニジア
人口（億）	12.95	10.5	2.9.4	1.50	1.02	0.68	0.47	0.30	0.24	0.19	0.17	0.10

それによる穀物生産の減少も起きているようだ。地球環境問題について詳しいレスター・ブラウン氏（注・参照）によれば、中国の黄河が流域周辺の地下水の汲み上げによって途中で枯れてしまう黄河断流や、またアメリカ中西部の穀倉地帯では化石水と呼ばれる他からの供給のない地下水を汲み上げて農業をしており、その化石水の減少が見られることやインドの穀倉地帯でも過剰揚水で地下水が枯渇しかけていると報告している。

（図表・8）のごとく世界中で水の枯渇の恐怖にさらされているのである。過剰揚水で農業をしている国は人口が多く、中東の地域を除けば四大大陸の主要国である事実に驚愕すら覚える。他国の話ではすまない。

（注）レスター・ブラウン
一九三四年、ニュージャジー州生まれ。ラドガーズ大学、ハーバード大学で農学、行政学を修める。農務省にて国際農業開発局長を務める。二〇〇一年アースポリシィ研究所を創設して所長に就任。「エコ・エコノミー」を発表。著書『プランB』など。

食料危機の予感

これはどういうことかというと、中国は最近自国で生産される穀物では国民を養えない。アメリカの穀倉地帯から輸入している。アメリカの穀物の三分の一は輸出用だ。今後アメリカの穀物も地下水の減少から期待できない。それに加えて二〇三〇年には八二億と予想される（図表・7参照）人口の増加を考えると水の減少による穀物生産の減少だけではなく、一人に供給する穀物の全体量が大幅に減少すると予想される。現在でも、アフリカの一部の国など、十分に食料が行き渡っていないわけではないのだから、いかに大問題かがわかる。

この地下水の枯渇によって、農業国の食糧生産が少なくなった場合、日本も例外なくその影響の中に入ってしまう。この水の問題も越えなければならないひとつの壁となる。

水はエネルギー

このことから水をひとつのエネルギーとみなして無駄なく活用する必要がある。考えてみればこの東京も徳川家康による江戸開府以来、水にまつわる話には事欠かない。都市の歴史は水の確保の歴史といってよい。ローマ帝国時代の水道橋など、とてつもない努力を水に対して払ってきた。このあたりの話は後章に譲るが、農業にわける水と工業や都市に供給する水と双方に対する配慮が必要である。世界の穀物の減少は日本には大いに影響がでる。

しかし逆に考えれば、この水エネルギーの豊富な日本は世界に穀物を供給できる潜在能力があるということだ。食料需給率四〇パーセント足らずの国であってはならないことが数値的にも言える。

江戸時代には日本の人口三千万人はどこからの食糧輸入にも頼らず、また化石燃料を使わずに生活していた。どこそこの団子がうまいなどと、グルメな街であったこともわかっている。現在人口は江戸時代の四倍、約一億二千万人となっているが、太陽と水エネルギーは豊富にあるのだから工夫次第で自国の食料をまかないさらに他国に供給できる能力と人口は存在すると考えている。

四．エネルギーの歴史

今後のエネルギーの話をする前に、古代から人間はどのように生活のためのエネルギーを得てきたのであろうか。それを辿っておくこととする。

古代では資源は木材であった。食物は河川の流域で栽培され、燃料は森林を切り倒して燃やした。森林の資源がなくなると都市を放棄した。森林資源は再生可能である。当然植林をしていたはずであろうが、なにかの理由でその地を離れなければならなかったのであろう。古代文明の栄えた地域では現在砂漠化している。エジプト、メソポタミア、インダス、黄河文明の後は砂漠だ（図表・9参照）。

エジプトなどの遺跡を見ることがあるが、建物らしきものに屋根がないのが通常となっている。これは屋根材料に木材を使っていたからで、それらが消失した姿を現在目にしている。アクロポリスのパルテノン神殿なども木製の屋根が架かっていた。木材は重要な資源であった。

十八世紀の産業革命まで、森林との共存状態で推移して来た。蒸気機関の発明によって飛躍的に交通や産業が発達した。その後ガソ

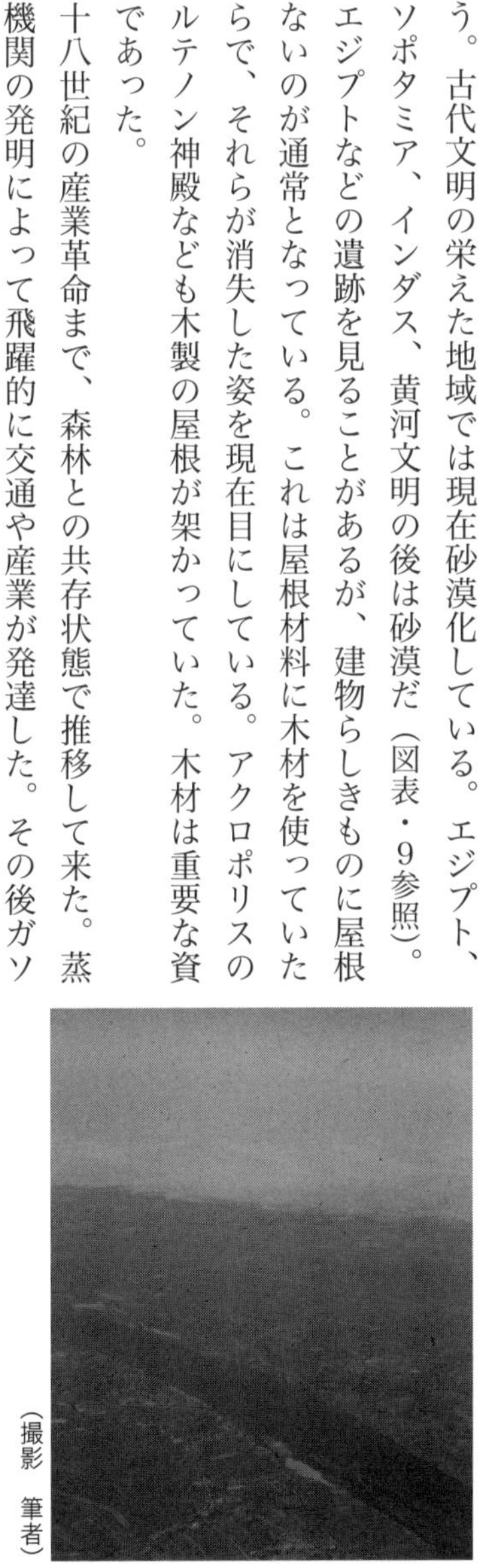

図表・9：ナイル川のすぐそばまで砂漠が迫る

（撮影　筆者）

リンエンジン、ジェットエンジン、ロケットエンジン、原子力等と続いていく。スピードアップの世界となった。化石燃料はどんどん発見され、どんどん消費されていった。それが今の状態だ。
だが、その化石燃料が枯渇していっている。化石燃料を使わないエンジンとはどういったものであろうか。とりあえずの課題は、エネルギーの開発とエンジンの発明ということになる。

五．新しいエネルギーとエンジン

再生可能なエネルギーの発見
化石燃料が枯渇したら車が動かなくなるし、パソコン、エアコン、冷蔵庫といったものが使えなくなる。車はガソリンや軽油を気化して爆発させて回転運動に変えて走る。パソコン、エアコン、冷蔵庫を動かすものは電気で、やはり化石燃料を燃やして蒸気を作り回転運動に変えて電気を起こしている。
ということは、車を動かす為の再生可能な燃料を発見し、それにあったエンジンを発明しなければならない。また、パソコン、エアコン、冷蔵庫を動かすのはもうすでに電気であってこれを変えるのは難しいだろうと考えられるので、化石燃料を使わずに電気をつくる方法を発明しなければならない。
それでは今あるものから見ていこう。

燃料電池
聞きなれない言葉だが、まさに新しいエネルギーを使ったエンジンである。いわゆる電気を貯めるための蓄電池ではない。電気を発生させる化学装置である。この装置に人類の未来がかかっている。

基本は水素と酸素を化学反応させて電気を発生させる。廃棄物は水だけという理想の装置だ（図表・10参照）。燃料電池の原型は一八四二年イギリスのウィリアム・グローブによって開発された。それは電極に白金を用い、電解質に希硫酸を用いて水素と酸素から電力を取り出す。そしてこの電力を用いて水の電気分解をすることの出来るものであった。

要するに究極の循環型の発電機だ。水の電気分解をすれば水素と酸素ができる。それを燃料として電気を発生させる。酸素は空気中にあるから水素を供給できればいいというものだ。この装置を住居や車につけて生活することが筆者の夢であるが、これから普及に努力していくことが必要だ。

それから燃料電池は様々な種類へと改良が重ねられて来ている。現在ではスペースシャトルに発電機として搭載されている。またホンダでは車に搭載して電気自動車としてリース販売をしている（図表・11参照）。ただ一般に使用するには触媒に白金などを使用するためまだ高価である。ただ、再生可能なエネルギーを使用した新し

図表・10：燃料電池の概念図

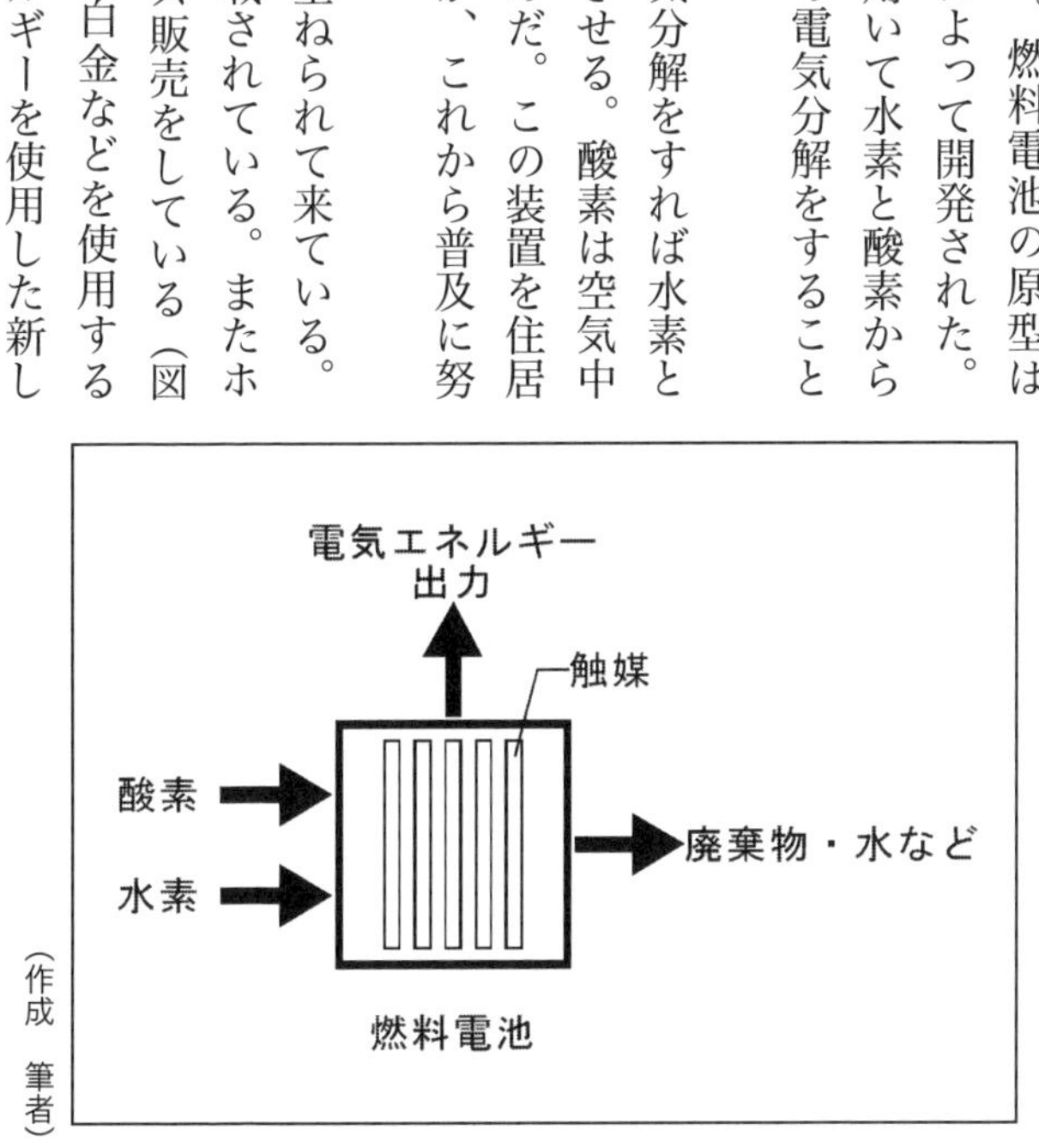

（作成　筆者）

いエンジンということは確かである。

その中でも二〇〇七年にダイハツ工業と産業技術総合研究所が触媒に白金を使わず、燃料に水加ヒドラジン（$N_2H_4 \cdot H_2O$）を使用した燃料電池を開発したと報道されている。これでコストを抑える目途が立ったと思われる。

このほかにも、あらゆる分野の企業が様々な燃料電池の開発に関与している。そのなかで、もうすでに住宅用の燃料電池を販売している企業がある。それらは化石燃料を供給して水素を取り出すというシステムをとっている。これでは何のために燃料電池を開発したかわからない。途中の段階としてはよいと思うが、化石燃料を使わないものにさらに発展させて欲しい。このように開発に対して日本の企業が意欲的で非常に明るい未来となっている。

燃料電池の未来

筆者は近い将来、燃料電池が住宅やその他の建物に使われていくと考えている。なぜならば発電装置であることが最大の魅力だ。現在でもオール電化の住宅は多くなりつつある。そこではガスを必要としないで調理、給湯、暖冷房すべて電気でまかなっている。そし

図表・11：ホンダの燃料電池車FCV（CLARITY FUEL CELL）
（提供　本田技研工業）

て家庭の他の機器は電気エネルギーで動くものが多い。燃料電池一台で住宅一件分を賄ってしまう時代が来る。いや来てもらわないと困るのだ。

ふたつ目の理由は、ホンダの燃料電池車のスペックによると発電能力は一〇〇キロワット程になっている。住宅では一軒あたり三キロワット程度でよい。車一台で三〇軒以上の電力を賄えるほどの能力の発電機というわけだ。これなら大きな建物でもよい。五キロワット程度の住宅用の小型燃料電池を開発し、大量生産をすればかなり安価で供給可能となる。

さらにもうひとつの理由は、例えば車の価格より住居の建設費のほうが高い、将来もそうだ。車を二百万円として、家は二、三千万円とすると価格差は一〇倍以上だ、高価な燃料電池を導入するのに住居の方がやりやすい。これが車より先に住居に燃料電池が入ってくると考える根拠となっている。そうなれば化石燃料を使わずに済み、何よりも燃料電池の廃棄物は水ということもよい。

住宅など家庭用のエネルギーは総エネルギー使用量の三分の一近くを占めている。産業界が化石燃料を削減しても、家庭用エネルギーがそのままでは意味がない。住居のエネルギーとエンジンを変革する必要に迫られているのだ。

燃料電池を使った家のイメージを描いてみた（図表・12参照）。そこでは電力会社の電線もガス会社のガス管もない。燃料電池に水素エネルギーなどを供給して電力を引き出し、住戸の電灯やヒートポンプ（注・参照）に供給する。ヒートポンプでは冷暖房をおこなう。また、温水タンクを設置して、燃料電池の廃熱やヒートポンプで熱を回収してお湯を沸かして給湯する。調理器も電気エネルギーで動かす。いわゆるオール電化で動かす。このような方法がいいだろう。これなら再生可能エネルギーで生活が成り立つ。

考えてみれば、二十世紀は大量生産、大量消費の時代であった。誰が買うかわからないものが大量につくられ、大量に捨てられる。電気もそうだ。化石燃料を燃やして発電所でつくられた電気が延々と（その間かなりの量が空中に放電されてしまう）送電線で運ばれ、都市で消費される。その考え方を改める必要がある。そのような時期に来ている。

つまり、エネルギーは使うものが、使うだけを消費する。「個別生産、個別消費」という考え方としなければならない。食品などはもう直ぐにでもできる。インターネットを使うのである。そのために発達した個別の情報網がある。パソコンでひと月の計画的な食料購入などそう難しい問題ではなかろう。エネルギーも計画購入、計画生産をすればいい。

（注）ヒートポンプ
主に電気で駆動エネルギーを与えることによって熱を移動させる装置。一般的には住宅のエアコン、冷蔵庫などに使われている。

図表・12：燃料電池の家概念図

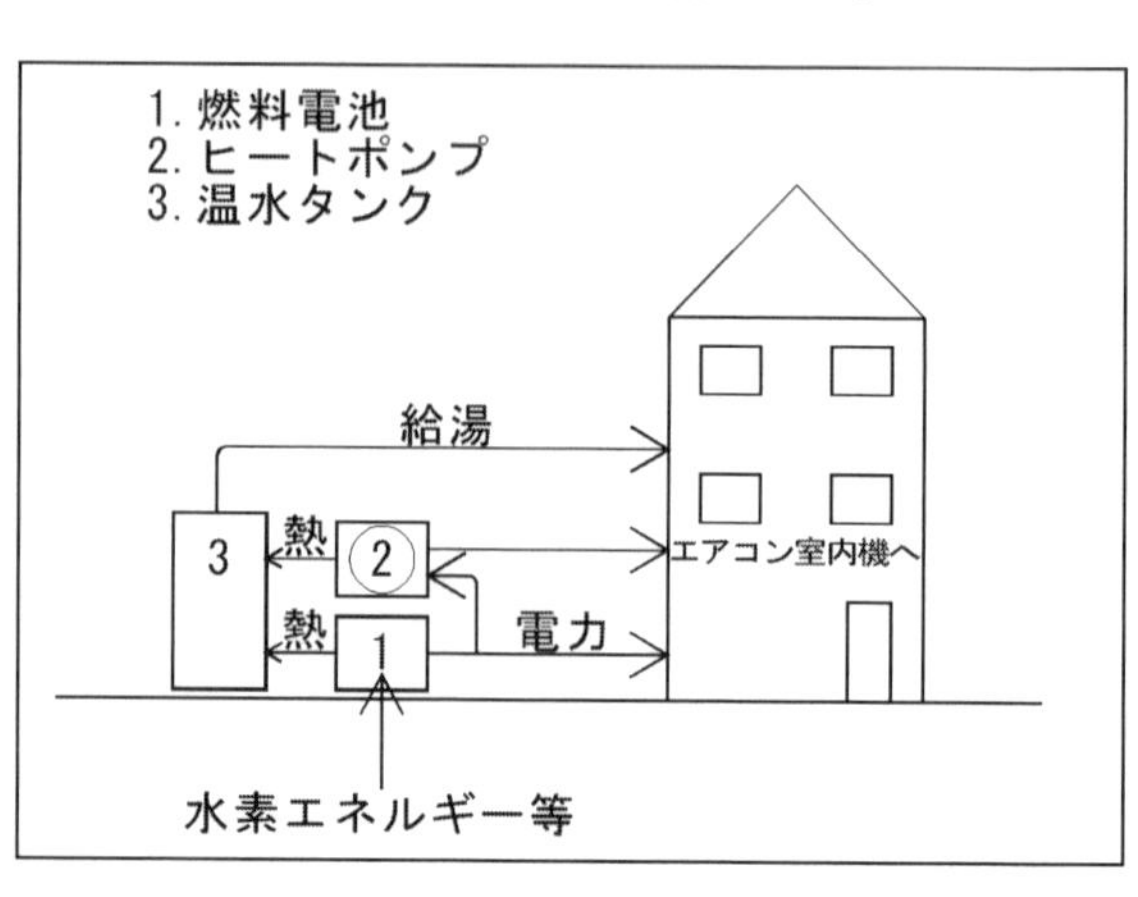

（作成　筆者）

太陽光発電

太陽の光を半導体に当てると電気を起こす性質を利用している。クリーンエネルギーのひとつだ。住宅や建物の屋根、休耕地などに設置されている。三〇数年前から発売されているがなかなか行き渡らない。やはり価格（六六万円／キロワット）が高いということが影響している。しかしそうは言っていられない状況になってきた。

日本では二〇一四年現在、国内累積導入量は二二〇〇万キロワットにとどまり、世界ではドイツ、中国に続いて三位。世界では二〇一四年に四〇〇〇万キロワットが生産されていて、特に欧州では、太陽光発電の導入比率が高まり、電力供給において重要な役割を担うようになりつつある。ドイツで、日によっては電力需要の半分近くを太陽光発電でまかなう場合もあるという。ドイツやイタリアでは原発廃止が決定され、再生可能エネルギーにシフトしていることも影響している。化石燃料のない日本も見習う必要があるだろう。

また一九九七年から二〇〇四年まで約三〇万円／キロワットの国の補助があったが、現在では国からの補助金はなく、都道府県に頼っているのも伸びない理由だ。制度の再考を求める。アメリカの大統領（オバマ）も太陽光発電を奨励すると発言している（米国の累積導入量は一八〇〇万キロワットで四位に躍進した二〇一四年）。

太陽光発電のしくみ（図表・13参照）をみると、昼間太陽が出ている時間帯で発電電力が使用量より多い場合、電力会社に余剰電力を売るしくみになっている。これは電気を貯めておく蓄電池の設備が高価であるためと効率が悪いことが理由とみられる。夜は昼間売った電力を使用することになる。

要するに昼間太陽が出ているあいだしか利用できないので、貯める装置を開発するか、なにか別の発電システムと組み合わせる必要がある。また、冬のあいだ太陽が望めない地域でも同じである。現在、夜間や雨天では電力会社から供給を受けているが、筆者は燃料電池と組み合わせればよいと考える。また、今後は発電された電気を貯める高性能電池が開発されて行くと考えられ、太陽光発電の可能性はさらに広がっていく。

化石燃料が使えなくなったら電力会社の存在さえ危うくなる。燃料電池の車が走るということは、各家庭が発電所になる可能性は大きいからだ。太陽は無尽蔵のエネルギーであることは確かなので太陽光発電は重要なエネルギーとエンジンである。またここでもかなりの技術力を日本のメーカーは持っている。それを伸ばして行くのも行政の責任であるが、あまり積極的でないのが現状であろう。

風力発電

風の力で風車を回して発電する（図表・14参照）。回転はモーターの原理の逆で化石燃料の発電も蒸気による回転力によって発電している。常時風の吹く場所でなければならないので制限される。ま

図表・13：太陽光発電の概念図

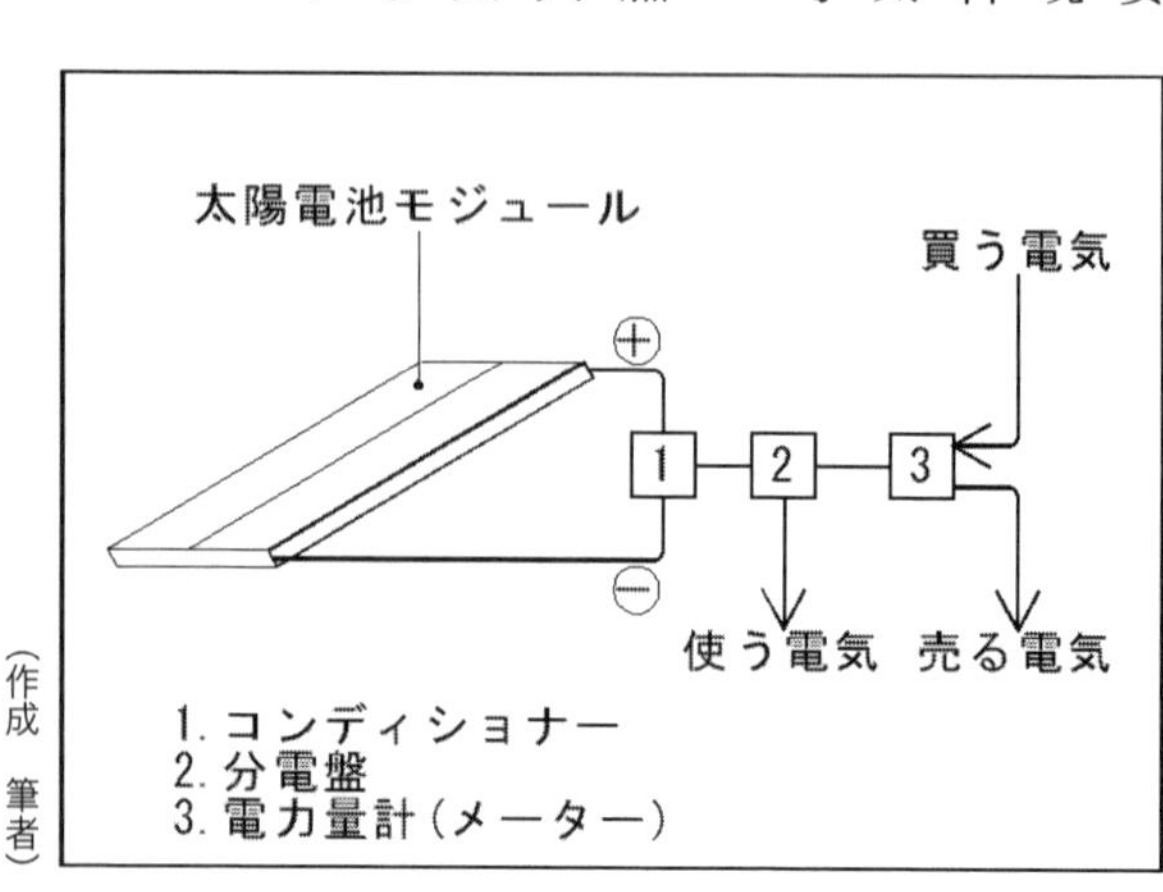

（作成　筆者）

た、電気を使う場所に運ぶには送電線が必要で、このコストもバカにならない。

二〇一四年日本の発電総量は二八〇万キロワットにとどまっている。世界一位は中国で日本の四〇倍で一億一四〇〇万キロワット、二位は米国で六五〇〇万キロワット、世界の風力発電量は約三億七〇〇〇万キロワット（二〇一四年時点）となっている。太陽光発電と同様クリーンなエネルギーであるが、送電線を短くできれば可能性が広がる。地域的な部分で使用することになるであろう。

未来は既に予測されている

以上簡単に新しいエネルギーとエンジンを見てきたが、すべて電気エネルギーであった。そのなかでも燃料電池と太陽光発電に期待せざるを得ない。それは、各建物や住居が発電所になる。また車一台一台が発電所になるということだ。産業構成も大幅に変わるだろう。

そのことによって、化石燃料を使わない、再生可能なエネルギーを使う社会が生まれるのだ。燃料電池の開発に最大限の投資をして早く技術を確立してほしい。実体のない金融に投資をするのではな

図表・14：風力発電図

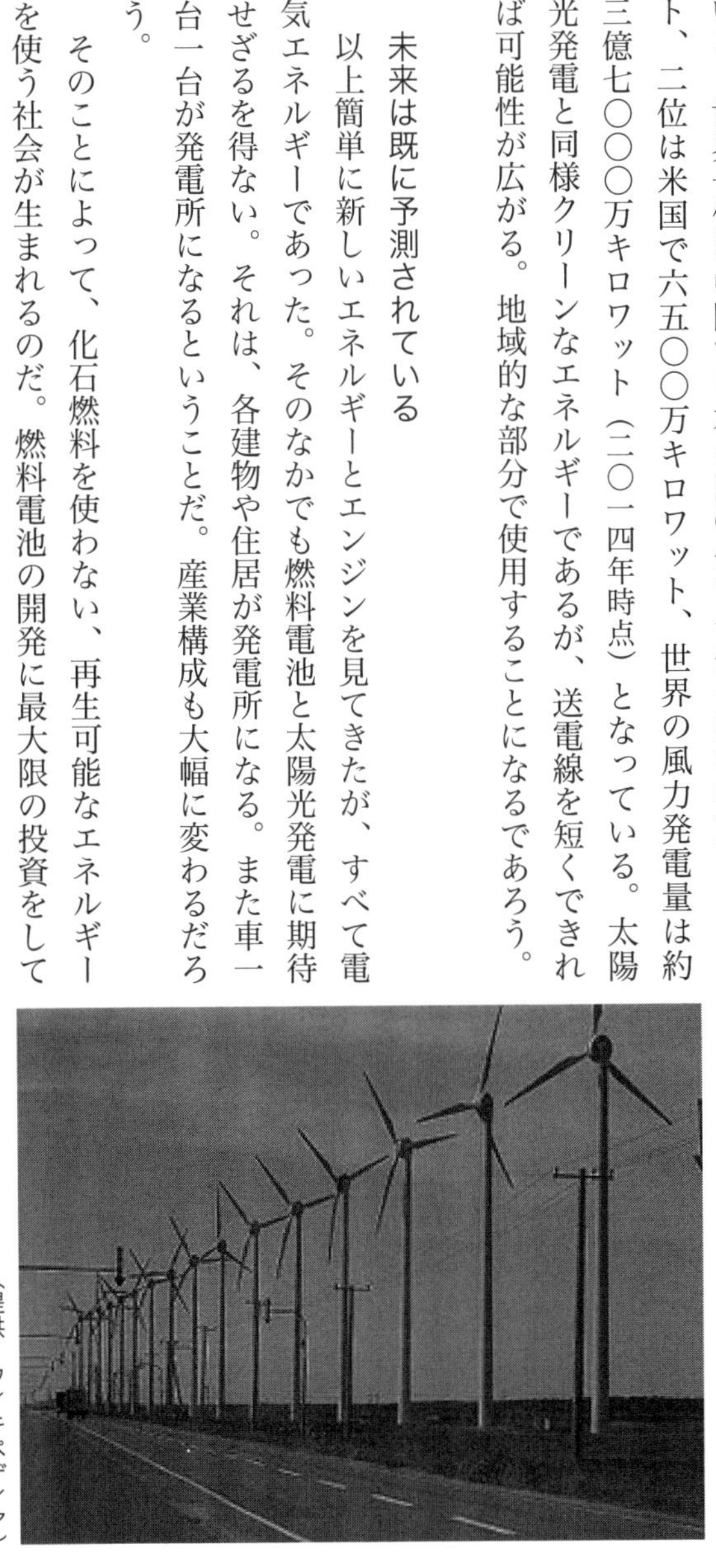

（提供　ウィキペディア）

く、既に確立している太陽光発電にも投資をするべきであろう。

今ある技術は人類の未来を考えたら必要なくなるものもあるだろう。またそれによって生計を立てている人もいるだろうが、予測される未来はもう描かれている。化石燃料はなくなってそれにかかわる人々はなにか他の仕事を始めねばならなくなる。未来はすでに予測されているのである。古い仕事にしがみついた時、戦争と人類滅亡が待っている。

よく考えて欲しい。未来はすでに予測されているのである。その未来から今なにをすべきか命令されている。筆者は皆さんに人類が置かれた状況を知らせたい。

六．可能性のあるエネルギーとエンジン

個別生産、個別消費

二〇〇八年石油の高騰でバイオ燃料なるものが作られ使用された。しかもアメリカの穀倉地帯で大豆の作付けをやめてトウモロコシをつくったのだ。トウモロコシからエタノールを作り車の燃料にまわしたのである。そのお陰で大豆は高騰して日本でも食用油やマヨネーズなどが値上がりした。また、トウモロコシは家畜の飼料にされるので、乳製品なども値上がりしたのであった。

このことからもアメリカの穀倉地帯は重要な位置を占めているのがわかる。ここが過剰揚水で農業を続けていて、化石水というものが枯渇しつつあるのも恐怖である。やはり、食物から燃料をとるなどやってはならない禁じ手である。

このように本末転倒になりがちなのは石油がなくなるということにパニックを起こしたことに他ならない。冷静に考えれば理解できるはずなのだが、アメリカ政府のブッシュ政権の対応には疑問を抱かざるを得なかった。

他にも様々なエネルギーの素は多いが、基本はエネルギーを使うものだけが限定的にエネルギーを使用するということにしなければならない。現在の発電方法は余剰分を捨てねばならない。大量生産、大量消費の時代の反省点に立つならば必要なエネルギーしか使わないという仕組みにせざるを得ない。個別生産、個別消費だ。

バイオ燃料

いろいろな企業が様々に開発しているようだが、最も可能性の高い事例を紹介しよう。二〇〇九年には植物をもとにした再生可能資源からエタノールを製造する技術に目途がついたと発表され、現在は実験段階にある。以前の技術では食料になるものを使っていたが、この技術では稲藁(いなわら)とか食用にならない植物の茎や葉からセルロース類を取り出して、酵素によってアルコール燃料を製造することができる。これがあれば、今のガソリンエンジンなどにも使えて車は動く。

考えてみれば、江戸時代の人口三千万人もバイオ燃料を使っていた。詳しくは次章に譲るとして、薪や炭、柴などを利用していたのである。しかも大きな木を切らずに、間伐材や枝打ちしたものを利用していた。まさに計画生産で燃料を賄っていた。

それと同じことがバイオ燃料に言える。したがってバイオ燃料もキャパシティ(総量)は決まっている。ある程度しか利用できない。食料を自国で賄って、その食料に適さない茎や稲藁をバイオ燃料にすることだ。

たぶん予想するに食料生産に使うエネルギーを賄うことができればよしとしなければならないだろう。都市に住む人間の使うエネルギーには回らないだろう。しかし、重要なエネルギーであることは確かであって、この技術が実用化することを願うばかりだ。

ゴミ発電

ゴミを粉砕して固形燃料とし、それを燃やして蒸気を発生させて発電するシステムだ。自治体が競って導入したが、なかなかうまく稼動していないようだ。ダイオキシンの発生など住民の反対が多いのも原因といえる。固形燃料作成時、生ゴミを乾燥させるのにかなりの石油を使うのも問題のようだ。

現在では生ごみにプラスチック類を混ぜて燃やしているのも燃焼温度を上げようというもので、分別せずにごみを集めている自治体も増えている。ゴミ行政の一貫性もない。

原則はこうなのだ。化石燃料がなくなればプラスチック類もなくなる。ゴミのなかの金属やプラスチック類は回収せざるを得なくなる。残りの生ゴミをバイオ燃料にできればゴミ発電自体がなくなってしまう。

生ゴミは最後まで残ってしまいそうだが、生ゴミが出ること自体が生き方の問題だ。余分な食料を輸入して捨てることは、世界で食べれない人がいることを忘れている。個別生産、個別消費という方法がなにかできないものか考えて欲しい。

ゴミのなかでも最大のものは屎尿である。これは知られていない。江戸時代には都市の屎尿は農村の食料生産の肥料にしていた。だから、ゴミではなかった。商品として流通していた。

現在では日本全国で屎尿の八九パーセントほどが市町村の処理施設で処理されて放流されている。残りは個別の浄化槽などによって処理されている（環境省平成二二年度実績）。屎尿からバイオガスを取り出す実験装置がつくられている。メタン（CH_4）を発生させる。燃やして電気エネルギーに変えてもよいが、分子記号をみると水素がある。ここから燃料電池の水素を取り出しても良い。江戸に習って屎尿をエネルギーに変えることができれば、まず人類は生きていけるだろう。

こうしてみると、人類の生活には捨てるものがないようだが、それを取り出すには手間隙かかる。ゴミ処理に人を投入していく必要が出てくるだろう。現在でも全ての産業は人間のためにある。他の動物のためではない、ペット産業も人間の為だ。だからゴミ処理に人を投入しても問題はない。必要になれば、お金になる。それなら十分産業として成り立つだろう。

化石燃料がなくなる前にそういう循環にしておかなければならない。そういう意味では金融は紙切れ一枚でとんでもないお金が借金として残る。今更だが一番の無駄は金融ということになる。

ハイブリッド車

一五年ほど前からハイブリッド車に乗っている。トヨタ車のプリウス（図表・15参照）にはとても驚いている。簡単に説明すると、ガソリンエンジンと電気モーターが併用されている。ハイブリッドと言われる所以だ。ガソリンエンジンで車輪が回る回転を利用して電気を起こし充電しておく。その貯めた電気を使ってモーターを回して走る。信号で止まるとガソリンエンジンは自動的に止まる。坂道でない限り発進はモーターで動く。ブレーキをかけた時も電気を起こすなど、エネルギーを無駄なく循環させる装置になっている。

ハイブリッドでない車に比較して、ガソリン使用量は半分となっている。またその排出ガス、二酸化炭素は二分の一、窒素酸化物は四分の一である。そのスマートさが好きだ。このシステムはすべてのエンジンにつけるべきだ。そうすれば石油の使用量は半減する。再生可能なバイオ燃料であっても半減する。当然生き残っていくシステムとなる。ノーベル賞ものだろう。

他のエンジンにも応用可能と思われる。例えば燃料電池車、後に述べる電気自動車などにも回転運動から発電するシステムは使える。このように考えられるエネルギーを余すことなく蓄えて使っていく意識改革の車であった。

電気自動車

電気自動車の可能性も広がってきた。それは電気を貯めておく能力が増した小型軽量のリチウム電池が開発されたからだ。これを車

図表・15：トヨタのハイブリッド車（プリウス）

（提供　トヨタ自動車）

に搭載して、その蓄えた電気エネルギーでモーターを回して走る。各家庭で太陽光発電や燃料電池で発電が可能になれば、この電気自動車で移動することが出来る。燃料は再生可能エネルギーですべてを賄(まかな)える。

むしろ、家庭では太陽光発電や燃料電池を主体にして、車には高価で高性能の燃料電池を搭載せずに、電気のみで走る電気自動車を使っていくという方法も考えられる(図表・16参照)。この方がコストは安く済むだろう。従来の発電のコンセントから電気を取り出す電気自動車では意味がないが、段階的にはこれらの車を使用していくことが大切であろう。いつから電気自動車や燃料電池車にしていくかということを含めて、政治と行政の指導力が問われている。

航空機の燃料

特にジェットエンジンの燃料についてはなかなか妙案がないだろう。ジェット燃料はケロシンといって石油の成分でガソリンより揮発性が高い。貴重な物質を使っている。これではだめで、なにか新しいエネルギー、新しいエンジンの開発をする必要があるだろう。少ない燃料で飛び上がり、後はグライダーのように滑空するスペー

図表・16：再生可能エネルギーと電気自動車

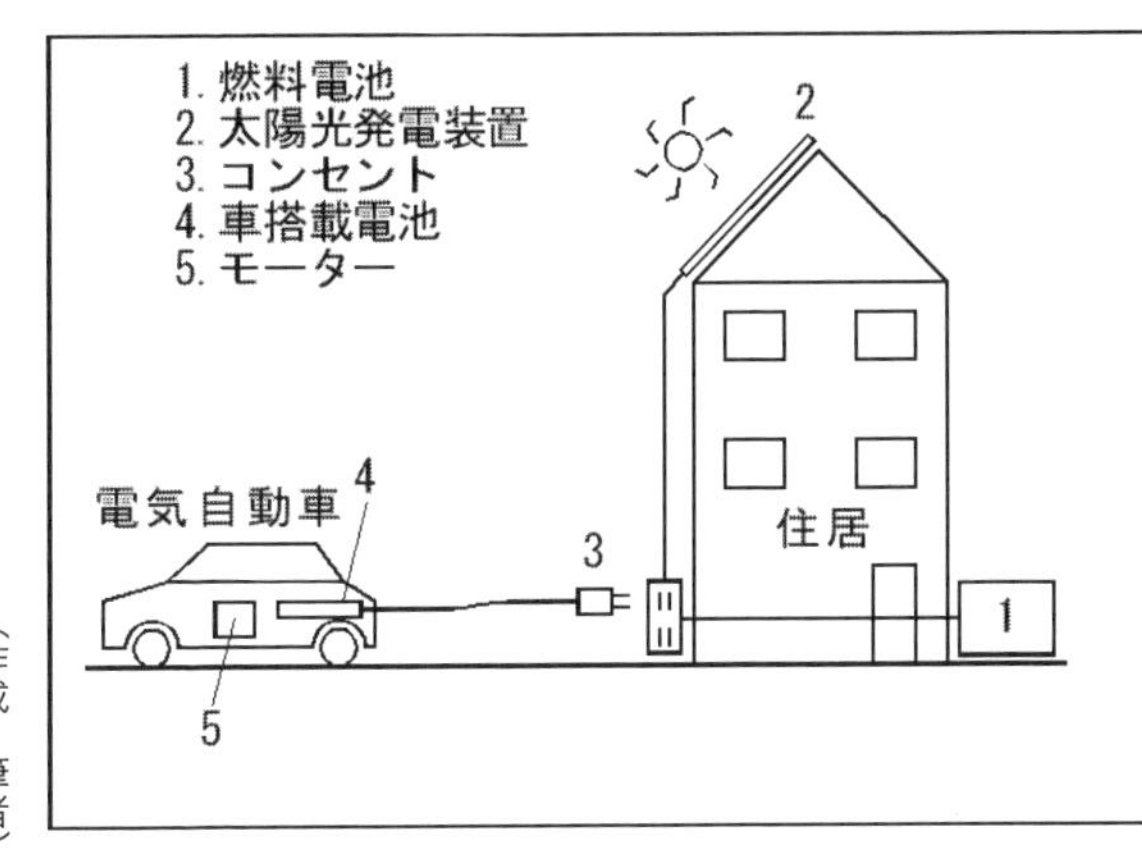

(作成　筆者)

スシャトルタイプなどが考えられている。ロケット燃料の方が組成を見ると、再生可能な水素や窒素などで、まだ可能性があるかもしれないが、どちらにしてもこれからの課題となるであろう。

ところが最近、バイオ燃料を使ってジェット機を飛ばす実験をしているようだ。食料でない菜種に似たカメリナやジャトロファ（ナンヨウアブラギリ）の実は油分が多く精製して燃料にしているという話がある。これらの植物はやせた土地でも育ち、実際アフリカ東部のマリで栽培を始めている。植物三キログラムから一リットルの燃料が取れるということだが、植物は年に二回ほどの収穫しかない。これも限界があるということだ。

また、藻の類から油を採る実験もしているという。光合成によって油が出来る種類の藻があり、これなら一年中生成可能というわけだ。これらはアメリカや日本で研究されていて、実用化を目指している。全世界の飛行機を飛ばす量的なことが解決できるなら、飛行機の将来も明るいかも知れない。

七．ゼロ・エミッション（廃棄物ゼロ）の理念

科学の進歩は自然に反した二十世紀をバブルの時代として総括した。劣化した地球環境再生の基本コンセプトに国連大学が提唱する「ゼロ・エミッション」を据える必要がある。人類の活動には様々な廃棄物が発生してきたが、ゼロ・エミッションの概念によればある企業の廃棄物が隣接企業の原材料になるという高効率で連環性のあるシステムとなっている。

インプットとアウトプットを等しくするというコンセプトのもとで、廃棄物ゼロという新しい技術と産

業を興すことができれば、地球を救い雇用を創設し、人類をさらに活性化させることが可能となる。

具体的には廃棄物の処理が高コストになってきている現状では、企業の収益を圧迫し、その企業の浮沈に関わるところまで来ている。そこで廃棄物ゼロという考えは企業収益を増すという発想であり、関連する企業群を集合して処理システムを構築するものとなっている。

八．ゴミ分別・エネルギー工場の提案

都市に於いては、ゴミ行政のシステムを変更する必要がある。ゼロ・エミッションと再生可能エネルギーの話は一体的である。いままで述べてきたことを具体的に提案する。

ゴミはエネルギーということは理解できた。それを都市において一括に処理しようという話だ。現在のゴミ焼却場や廃棄物処理場ではなく、ゴミや廃棄物の分別場を設ける。もはやゴミ焼却場の煙突はいらない。

ここでは人間の手で分別せざるを得ないが、将来は分別を楽にす

図表・17：ゴミ分別・エネルギー工場の概念図

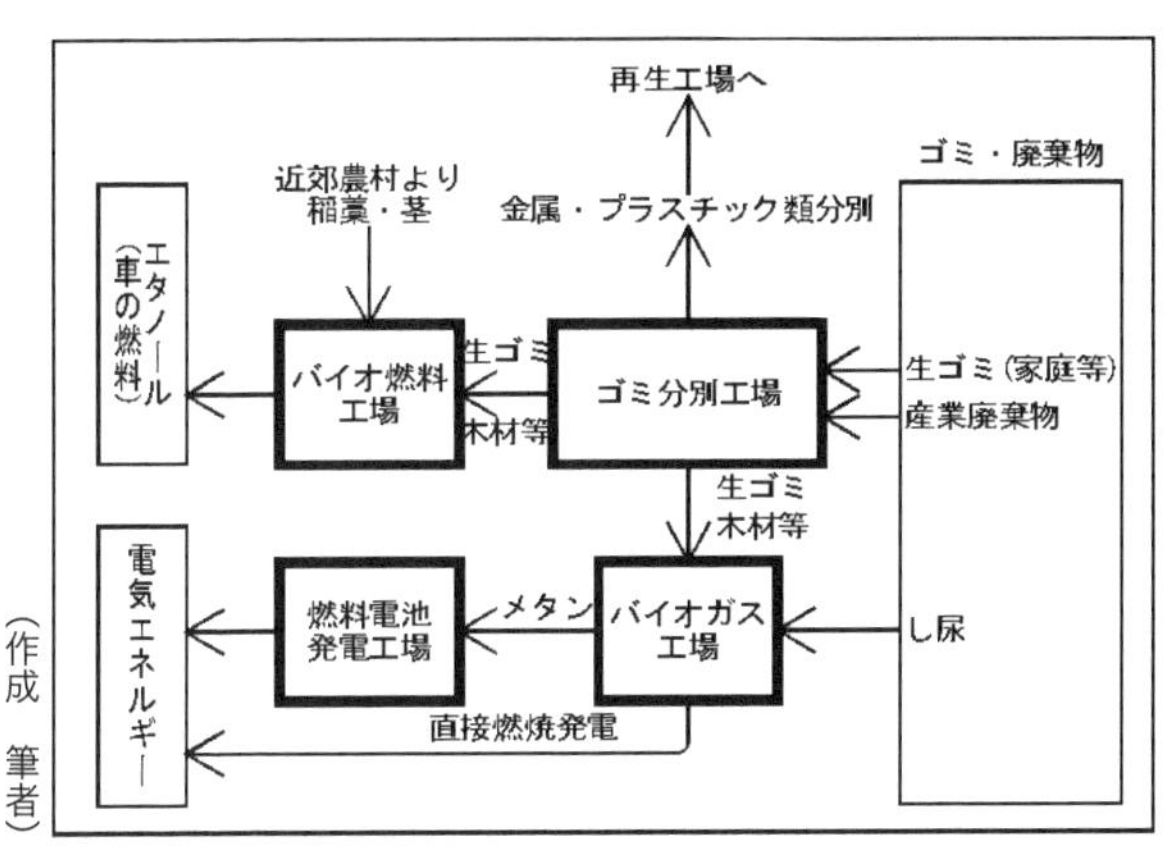

（作成　筆者）

るように物の生産に基準を設ければよい。金属とプラスチック類、生ゴミは各家庭にて分別を完了しておく。それをさらに分別して行き、バイオ燃料にするものや、バイオガスになるものを分けてバイオ燃料の生産工場、バイオガスの生産工場に送り生産する。その隣に燃料電池の発電工場などを設け、バイオガス工場から水素の供給を受けて発電し、商業施設、業務施設などに供給する。

これらはゴミの分別場兼エタノール生産工場であり、発電工場となる。このシステムを完成することが出来れば、石炭、石油、ウランを燃やして電気をつくって二酸化炭素を増大させている地球温暖化問題もなくなる。

（図表・17）にエネルギー工場のイメージを描いてみた。これらの設置場所は現在のゴミ焼却場を当てればよい。また、さらに必要な場合は大きな公園の地下などに設置するか、環状道路の地下などを設定すればよいと思える。

これは都市のなかに置かねばならない。都市はゴミが多いしエネルギーを使う。都市のゴミの多さを（図表・18）に示す。エネルギー工場は都市に直結したところでないと意味がない。遥かかなたの原子力発電所から電力を都市に運ぶロスと同じく、運搬にはゴミ

図表・18：都市別一人当たりゴミの排出量

（環境省　平成12年実績）

都道府県	1人1日当たりのゴミ排出量g／人日
大阪府	1379
北海道	1353
兵庫県	1331
京都府	1303
青森県	1270
東京都	1207
～	～
岩手県	922
岐阜県	918
山形県	891
佐賀県	850

を運ぶのにも、エネルギーを運ぶにも燃料がかかる。エネルギーはご当地生産、ご当地消費を原則としたい。

九．地球温暖化はエネルギー問題

二酸化炭素による地球温暖化問題は悩ましい。いままで触れてこなかった。二酸化炭素が増えて地球を覆うので、温度が上昇するという説がある。確かに地球の温度は平均○・四℃ほど上がっている時期もあった（図表・19参照）。温室効果による温暖化の説だが、本当のことはまだ分からないように思う。そんな単純な話ではないと思う。現在調査中ということだ。

二酸化炭素の排出権の金銭的なやりとりだけが一人歩きしている気がする。また金融の話である。バブル（泡）の次はガスかとうんざりする。

二酸化炭素の多い時代が過去にあった。それは恐竜のいた時代だ。植物も大きく生い茂り、その遺物が石油という話だ。太陽と二酸化炭素を吸収して光合成によって植物が茂る。恐竜の時代は二酸化炭素量が今の三倍だったという。確かに暖かな時代だったよう

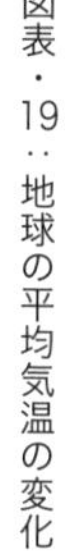
図表・19：地球の平均気温の変化

（IPCC 第三次評価報告書）

だ。それでなにか問題はあったのかが課題になる。それはわかっていない。現在地球上の森林量は増えていることがわかっている。二酸化炭素量が微妙に増えたことと関係あるのかも知れない。

東京大学の生産技術研究所の渡辺正教授は次のように言っている。「（ＮＡＳＡの観測記録（図表・20参照）など最新のデータを示しながら）確かに場所によっては地球の温度が上がっていることは事実だが、その場所は世界の大都市圏に集中している。他の地域の気温はむしろ安定しており、逆に下がっている場所さえある」と指摘している。

また「地球温暖化は都市化（ヒートアイランド　注・参照）と太陽活動の変化の影響であり、仮に二酸化炭素の影響が事実としても、対処する時間はまだ十分に残されている」との考えを示している。こういう捉え方もある。

日本の各地の気温上昇を示すデータがある。これを見ると（図表・21参照）渡辺教授説を示しているように思われる。都市部の周辺の気温上昇が著しい。またＮＡＳＡの観測記録をみても極端な温暖化を示してはいない。

筆者は化石燃料があと一〇〇年はもたないだろう。と考えてい

図表・20：地球気温の変化

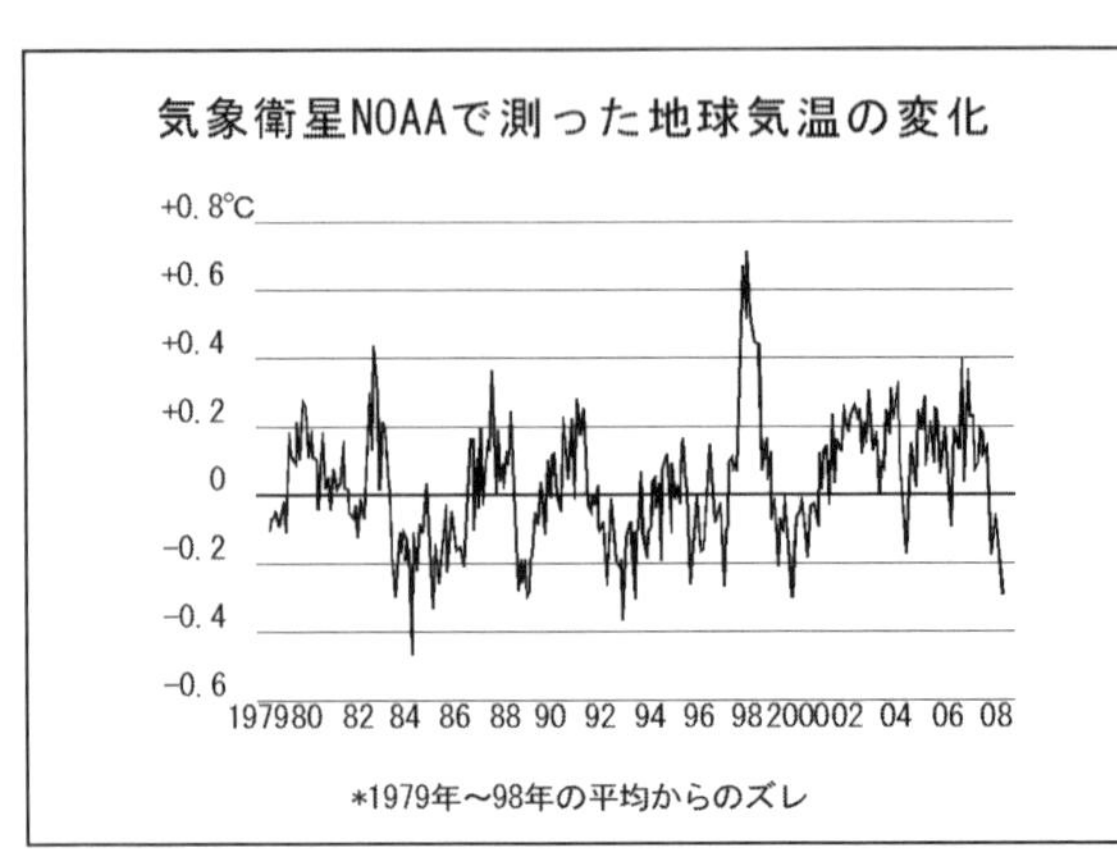

（ＮＡＳＡ）

る。そうしたら燃やすものがない。石油に到ってはまともに使えるのが四〇年といっている。そういう状態で、数十年後に平均気温が摂氏四度とか六度も上がるのだろうか。非常に疑問に思う。

二酸化炭素の話にしてもエネルギー問題と絡む話である。

化石燃料を燃やすので二酸化炭素が出る。再生可能エネルギーにすれば二酸化炭素は出ないのだ。その二酸化炭素が地球温暖化を引き起こしているという説がある。もしそうであるならば、化石燃料の使用を即刻やめるべきではないか。二酸化炭素の排出権の金銭取引をやっている場合ではない。

金銭的な架空になりやすいものではなく、即物的でなければいけない。二酸化炭素の排出を植林などに転化するのもどうかと思う。植林をすれば二酸化炭素を出してよいのか、二酸化炭素を出さないことが先決であろう。

このことからも、環境問題はエネルギー問題として捉える必要がある。技術開発を優先すべき話だと思う。その財源ということであれば、炭素税ということになるかも知れない。

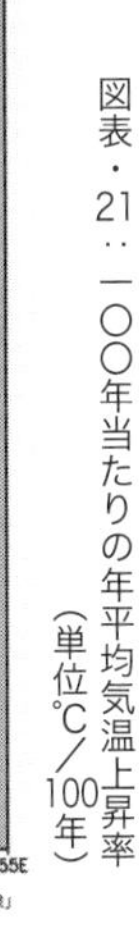
図表・21：一〇〇年当たりの年平均気温上昇率（単位℃／100年）

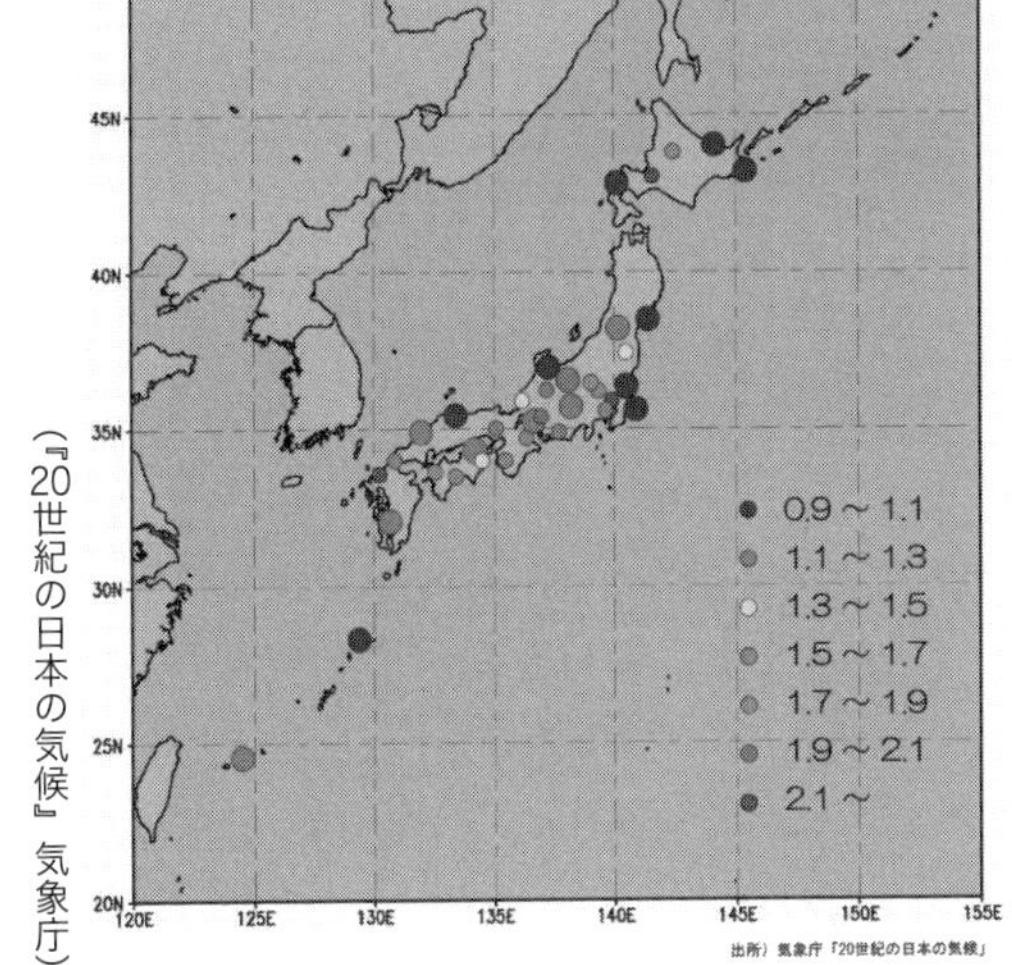

（『20世紀の日本の気候』気象庁）

どちらにしても筆者が言っているのは、再生可能なエネルギーを開発して、それを使っていかなければ人類に未来はない。また、水の確保と水をエネルギーと考えて使っていく姿勢が大切だ。この章では主に今後のエネルギーに絞って、人類の歩む道を示した。これができれば未来はある。筆者の言っている方法は全部正しくはないかも知れない。しかし方向はこれでよいのではないかと考えている。

(注) ヒートアイランド
都市部で夏、冷房の熱などで温度上昇が起きる。その温度の高い部分が島(アイランド)状になることをいう。

一〇. 日本の方策

これからの日本は再生可能なエネルギーやエンジンを開発している企業を支援して、早く技術を確立することだ。そしてそれを全世界に広めることだ。この開発はたぶん日本にしかできないだろう。なぜなら日本は過去において、化石燃料を使わずに、自然と折り合って都市文化を醸成してきたからだ。稲藁、柴、枝、間伐材をエネルギーとして使ってきた。自然の中にエネルギーが潜んでいることを古代から知っている。すべてのものに神がいるという自然観をもっている。

そして箱庭、盆栽(図表・22参照)にみられる宇宙観と縮小する技術を持っている(注・参照)。このふたつが合体して、その商品は世界に広がってきた。トランジスタによる小型のラジオに始まり、ウォークマン、携帯電話、薄型液晶テレビ、ハイブリッド車など、その独自性は際立っている。

確かに根本的な技術の芽は他国のものもあるかもしれないが、実際に具体的にした力は自然への敬意と縮小する技術であった。世界の命運は日本の力にかかっていると言っても言い過ぎではない。

それから、再生可能なエネルギーを取り出す元のゴミの処理技術の確立である。前述（ゴミ発電）したように、ゴミの処理は古来からの課題であった。しかし、そのゴミのなかにエネルギーが潜んでいた。バイオ燃料やバイオガスは生ゴミから取り出せる。もう既に循環している金属とこれから循環させなければならないプラスチックを除外した後の生ゴミの処理に目途が立ってきた。そのプラスチックに代わる物質（木質ナノカーボン）は森林の豊富な日本が資源供給国となるだろう。これらに人材を投入していくべきだ。これらの技術も世界で必要とされ、広めるべきものである。

また、もうひとつ日本がやらなければならないことがある。それは農業の再生であろう。豊富な水エネルギーを使った生産は、これから起こる世界の食糧危機に対応できるであろう。前述の水の枯渇が招く世界の食料生産の減少を考えるならば、農業生産に人材を投入して、安全な食料を自国で賄うことが大切であろう。

米の生産調整は四割に及んでいる。米を作らない田んぼが四割も

図表・22：盆栽

（社団法人全日本小品盆栽協会）

ある。小麦や大豆はほとんどを輸入に頼っている。酪農も崩壊に近い。食料自給率が四割であってはならない国である。自然の豊富な国である。その力を生かさなければ、自然の神に申し訳ないだろう。

（注）参考文献『縮み志向の日本人』李御寧 著

以上がこの章のまとめであり、より具体的な提言としたものである。章の題名「エネルギーとエンジン」という言葉は産業革命の代名詞と言えよう。今後はそれにコンピュータを加えた、言い換えれば情報と制御を加えたハイブリッドなものになっていくであろう。

次の章では、都市はどのように変わるのだろうか。あるいはどのような都市にしなければならないのかを考えて行きたい。そのためには温故知新、歴史にヒントを得て先を見通していきたい。それには人類はどのような歴史の中で都市生活をしてきたのか知らなければならないだろう。都市の歴史を見ていきたい。

第Ⅱ章　都市のゆくえ

一．複雑な都市環境

都市の歴史を知る

人類は歴史を積み重ねて現代都市を造ってきた。しかし、産業革命から二百数十年を経て、非常に深刻な事態に陥っている。それは都市の発達を支えて来た化石燃料の枯渇が明らかになったことだ。また、現代都市では地震、水害や、ヒートアイランド、火災による被害など自然災害だけではなく、集って住むことによる弊害も多発している。様々な現象が複合的に、あるいは同時に起こってくる。次に何が起こるか予測不可能に近い。

それは各分野で専門分化が起こり、それぞれに研究が進んでいて、いろいろな事がわかってきたことは確かだが、災害の複合的原因が複雑にからんで、組織的に対応できない。縦割りの学問体系の弊害、縦割り行政によって問題解決の糸口は遠退いたように見える。

二十一世紀は環境の時代といわれているが、実は人類の危機の時代でもあるということを認識すべきだろう。結論から言えば、人類は危機を克服して都市に住み続けるだろう。

しかしそれには、人類は過去も現在も都市をつくって、都市に住んできたが、その都市の歴史や都市の構造を知っておく必要があるだろう。そして、人類の生活を支えている仕組みやその問題点を理解して、なにを捨て、なにを残すのか知っておくべきであろう。

それは地球環境の問題といえる。都市環境を形成しているインフラ・ストラクチャー（注・参照）の仕組み、都市デザインの手法、また都市存亡の歴史等々知る必要がある。温故知新ということだ。

化石燃料の枯渇を超えて、人類は新しい環境を形成して人類の存亡の危機を乗り切る必要がある。そのキーワードは「持続可能な社会を構築する」ことであろう。具体的には、再生可能なエネルギーを使用して、廃棄物ゼロのゼロ・エミッションを進めて行き、物質の循環を図ることであろう。

それには都市構造というハード的なものと、文化のメンタルな部分の接点をさぐる都市環境デザインの分野の学問が必要といえる。ここでは様々な分野の統合を図ることが基本であろう。

都市デザインの目標は人間存在

都市デザインという分野は学問上の区分や職能の守備範囲からもれ落ちている。都市というひとつの集積体として学問上体系立っていない。

建築史家や芸術史家は特定の建物や芸術家個人の作品に注目する傾向があり、建物を都市の一部としてではなく孤立した文化遺産と見る傾向がある。都市史家は政治的事件、社会経済動向には注意するが、都市の街並みには目を向けない傾向がある。また、建築実務家は自己の主張を正当化するときのみ歴史書を持ち出す。政治家は学問上ということではなく、成果主義で道路や建物をつくることだけに精力を使っている。

このように都市を自らの立場でしか見ていないのが現状だ。都市は幅広い、彼らの主張も飲み込んでしまう。基本は都市がどのように出来たかということだろう。人間の存在以外になにもない。人間の生理的なもの、人間の行動的なもの、人間の思考的なものが実際にかたちとなって現れている。

生理的なものは上下水道や食物、住居の供給をさす。行動的なものは運輸、通信、建築土木、金融と言える。思考的なものは芸術、文学、哲学などをさすのだろう。要するに学問のすべてが都市デザインに含まれる。そのなかで、人間生活の転換の時点で、どのようにすべきかが学問の目標になるだろう。いかに幅広い分野を統合でき、方針を打ち立てることができるかであろう。

（注）インフラ・ストラクチャー
　人間の生活を支える基本的な施設をさす。上下水道、電気、ガス、道路、鉄道など。

二．都市のはじまり

人・もの・情報の繋がり

好奇心が都市のはじまりだろう。ものや情報を得ようとして、人の集るところにやってくる。またやってくる。人間の本能は衣食住が満たされれば、次のところに行く。あの山を越えたところには別のなにかがあると思うだろう。それを考え始めたらいても立ってもいられない。また、山の向こうからやって来た人がいれば、行って話を聞きたくなるだろう。話だけではなく絵を描けとせがむだろう。

このように村から村へ、町から町へものと情報は伝わっていった。都市の発生のイメージを描いてみた

（図表・23参照）。市場に人ともの、情報が集り、それが繋がって都市ができる様子を表している。

　ここに面白い例がある。（図表・24、25）に示す。ギリシャのアテネにある紀元前五世紀のパルテノン神殿の柱デザインが日本の飛鳥時代の法隆寺の柱デザインに似ているのだ。

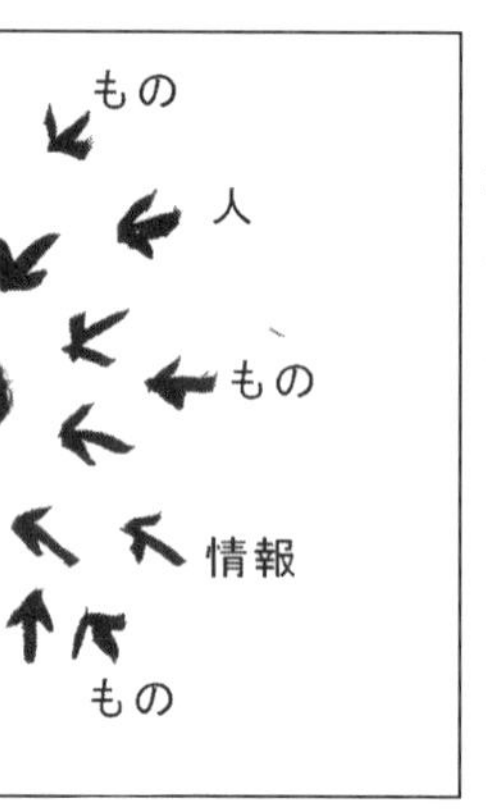

図表・23：都市の発生のイメージ
（作成　筆者）

図表・24：パルテノン神殿
（撮影　筆者）

図表・25：法隆寺中門
（撮影　筆者）

パルテノン神殿の柱は石、法隆寺の柱は木である。柱の中央が柱の下部より太い、エンタシスと呼んでいる。力学的に言えば下部が太い方が良い。パルテノン神殿ではデザイン的な理由だろう。下が太いと軽やかに見えないからだ。しかし木造では、積み重ねた石と違って細く長いので軽快な感じである。わざわざ中間を太くする必要はない。これは明らかに真似をしたのであろう。そのほか正倉院には、その時代のペルシャの宝物が保管されてきた。

このように古代においても、数千キロ離れた地から情報が伝わり、物が伝わってきている。そこに人の介在があったのである。今でもその流れは変わっていない。人とはそういうものだろう。

市場のはじまりが都市のはじまり

常時人が集り、物々交換が行われれば市場となる。そこでは物の管理や保存としてシェルターが必要になる。住居、倉庫、神のいるところが出来て、それから市場の建物が出現する。アテネのストア（図表・26、27）を見ると、ここに様々なものと情報と人が集ってきたイメージが湧き上がってくる。列柱の長い空間はその集りに相応しい。この近くには会議場もつくられている。

都市においては人と情報とものが集って行動を起こす。それは商いであり、会議であり、情報交換、食事、休息である。それから建物が機能を持って分化していった。それらの建物が集るアテネの中心地はアゴラ（広場の意味）と呼ばれ、台地の神殿アクロポリスとは区別された。アクロポリスのポリスは古代ギリシャの都市そのものを意味している（図表・28参照）。ここから英語のPolitics政治の意味となった。このように都市に建築の集積と行為が生まれていったのである。

図表・26：アテネのストア外観
（撮影　筆者）

図表・27：アテネのストア内部
（撮影　筆者）

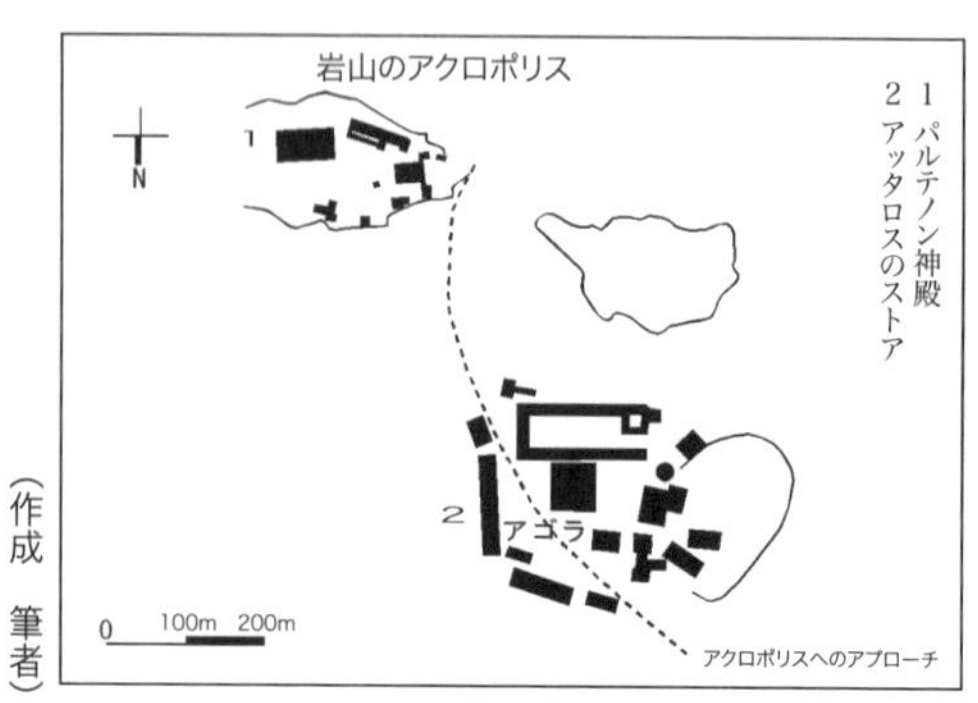

図表・28：アゴラ、アクロポリス関係図
（作成　筆者）

三、交通の発達・産業革命以前

街道整備と舟運

都市と都市を結ぶ街道が整備され、牛や馬に引かせた荷車が行きかった。また、河川や海上においては船を使って物が運ばれた。化石燃料のない時代、船は大量に物資を運ぶ便利な乗り物であった。船で運ぶことを特に舟運（しゅううん）と言う。産業革命までこのような状態であった。

発達した文明や都市は河川や海に面して存在する。特に世界と行き来している都市は舟運と街道の整備がよいところばかりである。地の利を十分活用しているというか、そのような場所に都市をつくった。自然にそうなったとも言える。

すべての道はローマに通ずる

ローマ帝国では諺があった。「すべての道はローマに通ずる」である（図表・29参照）。これは街道を整備することが如何に大切であったかを意味している。人、もの、情報の往来を積極的に導入し

図表・29：ローマ帝国の街道網

(newton)

たと思われる。ローマ街道は地方を支配する軍隊のためだという説もあるが、そうではなかろう。軍隊の移動は常ではない。人、もの、情報は常に往来するものである。軍隊だけではローマ帝国は支えられなかった。

ローマ帝国は技術、文化、芸術、商業共に他国より優れていた。建築でいえばアーチ構造はローマの発明である。これでレンガのような小さい部材で大きな空間を造ることが出来るようになった。これは素晴らしいことで、現在にも引継がれている。他国もその技術は欲しかったろう。

例としてはエジプトのアメン神殿の列柱の上に載った石の梁（はり）とコロッセオのアーチを比較して見ると明らかだ（図表・30、31参照）。前者では柱の上に一本の石の梁が乗っている。これでは大きな石が多数必要になり、柱間隔も制限されてしまう不利がある。その反面、後者では小さな部材で大きな空間を造っている。このアーチ構造の発明は素晴らしい進歩であった。

他の文化、芸術、商業もすべてにおいて他国にはないものだった。人、もの、情報が飛び交ったとしても不思議ではない。したがってローマの支配国はすべてローマ化した。それは街道の整備に

図表・30：アメン神殿（石柱の上に載る石の梁）
（撮影　筆者）

よるものと考えてよいだろう。また、ローマ帝国は地中海の舟運も重要視していた。地中海世界の街道と舟運を一手に握っていたのも確かだ。

水の都・江戸

江戸に於いては、水の都ベニスといった風情であった。徳川家康の狙いは舟運を縦横に使える都市の建設であった。東京湾に注いでいた利根川のデルタと武蔵野台地の結合は道三堀と小名木川(おなぎがわ)の掘削によって完成した。

また、利根川デルタの利用と銚子からの舟運で結びつけるために利根川の東遷を行った。家康の超長期計画であった。その任に当ったのが玉川上水の関東郡代伊奈一族であった。長い時間をかけて河川の付替えや開削を繰り返して東遷に成功した。現在の江戸川はその時に整備された。

当時帆船で東北方面から南下し、房総半島を回り込むことは黒潮の流れもあるので、至難の業であった。大きな舟は銚子にはいると小さな舟に積荷を移し替えて、利根川を関宿まで溯り、江戸川に廻って小名木川に入って江戸に到着した。「内川廻し」と呼ばれた。

図表・31：コロッセオ
アーチ構造によって大空間が可能

（撮影　筆者）

渡良瀬川や鬼怒川の水系からも北関東と東関東の物資はすべて安全な内水の水路で小名木川を経由して江戸に運ばれた。

東遷によって利根川デルタは洪水が少なくなった。現在の墨田区、江東区、江戸川区、葛飾区などの低地部分を市街化しやすくなった。この地帯が江戸の新下町を形成していく。

河岸の整備

街道の整備と共に、関東一帯の河川網に河岸（かし）を整備し、物資の中継地とした（図表・32、33参照）。河岸からは牛や馬に引かせた荷車で運んだ。現在、それはトラック輸送になっている。石油を一切使わない輸送は当時仕方ないことであったが、人類の生存まで脅かされる現在では、考えさせられる事例である。

周辺の物資を河岸に集め、江戸と各地の河岸とのあいだで物資のやりとりをする方法をとった。例えば、川越からは新たに開いた新河岸川を使って米、麦、雑穀類、炭などを江戸へ、江戸からは主に油、綿、錦織物、砂糖などといったものを運んだ。

積荷を見ると江戸と地方都市の関係がみえて来る。江戸は物資の集積地で、同時に地方に物資を分配する拠点でもあったのだ。それ

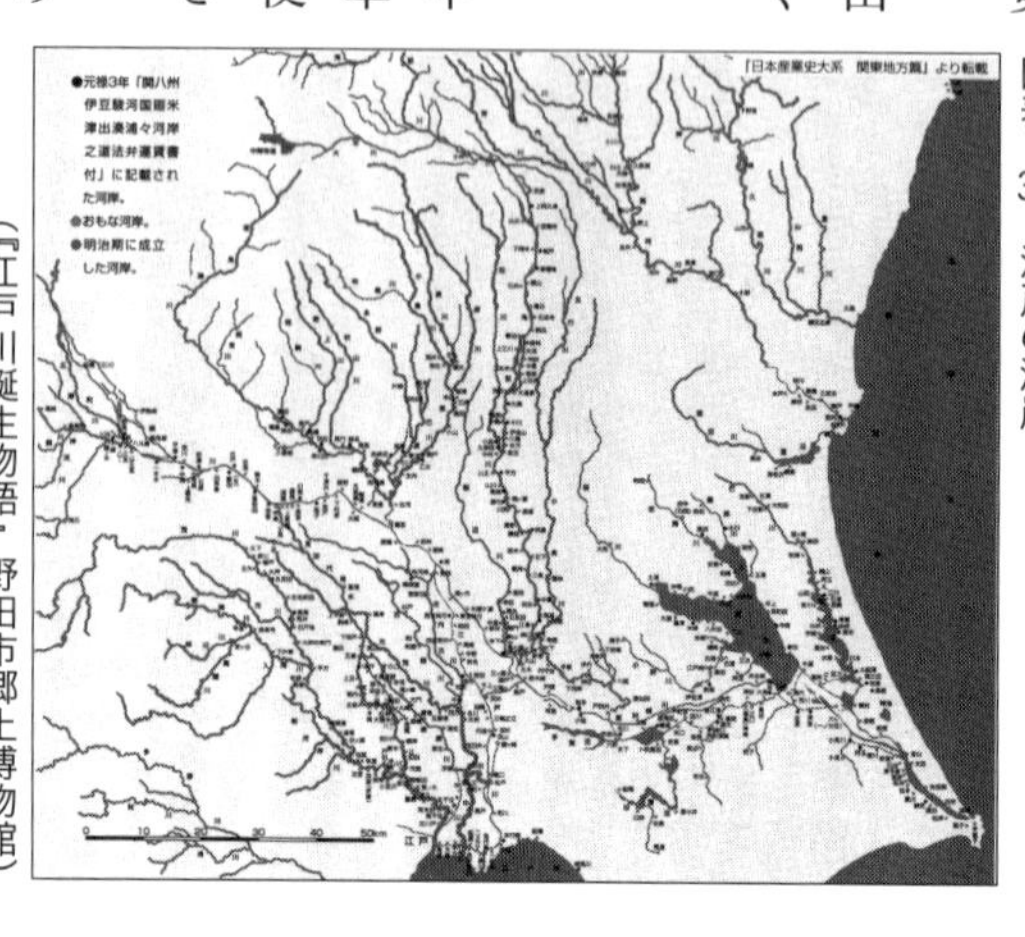

図表・32：江戸の河岸

（『江戸川誕生物語』野田市郷土博物館）

を可能にしたのは街道の整備と河川整備による舟運であった。

街道と舟運の交通システム

人、もの、情報が行き来する交通システムが都市を支える最初のシステムだ。化石燃料のない時代では、人力や牛、馬による荷車、風や河川の流れに任せた船による運送に頼っていた。産業革命によって、石炭を使った蒸気船に始まり現在に至っている。

しかし、なにが変わったというのか。基本の街道と舟運は残っている。確かに、国内の舟運は鉄道やトラックにほとんど取って代わられたが、街道はほぼその位置で、拡幅されただけで残っている。また我々の住居まで道は繋がりを強めてきている。車の発明が大きく影響している。また、船の運送ではコンテナ船の巨大さを見れば衰退したとはとても言えない。世界が市場になっただけだ。

商談や会議で世界を飛び回っている人がいる。情報機器が発達しても、人間の好奇心や直接確かめずにはいられない性質は変わらない。初めて市場に行った時から変わらないものだ。化石燃料が無くなっても、この基本の街道と舟運は変わらないだろう。

図表・33：川越の河岸の復元模型

（川越博物館蔵）

四．産業革命以降の交通

東京の鉄道

蒸気機関車が発明されて人と物資を運ぶ鉄道網ができた。日本においても、江戸が明治維新後、東の京都という意味で東京となってからが興味深い。この鉄道の発達については田村明著『江戸東京まちづくり物語』、中村建治著『山手線誕生』に詳しい。以下はその要約である。

明治政府が手掛けた最初の大事業は鉄道建設であった。明治五年（一八七二年）新橋、横浜間開通。現在の汐留、桜木町間である。資金はイギリスで外債を発行してまかなった。金がないため政府が行う鉄道建設は東京、京都、大阪、神戸の幹線ルートにしぼった。後は民間の手で建設する方針とした。（図表・34参照）

例えば群馬で生産される生糸を輸出するための鉄道建設がある。明治五年富岡の官営製糸工場を操業させた。その生糸を運ぶ為、私鉄の日本鉄道が明治十六年（一八八三年）七月上野から熊谷まで開

図表・34：東京の鉄道

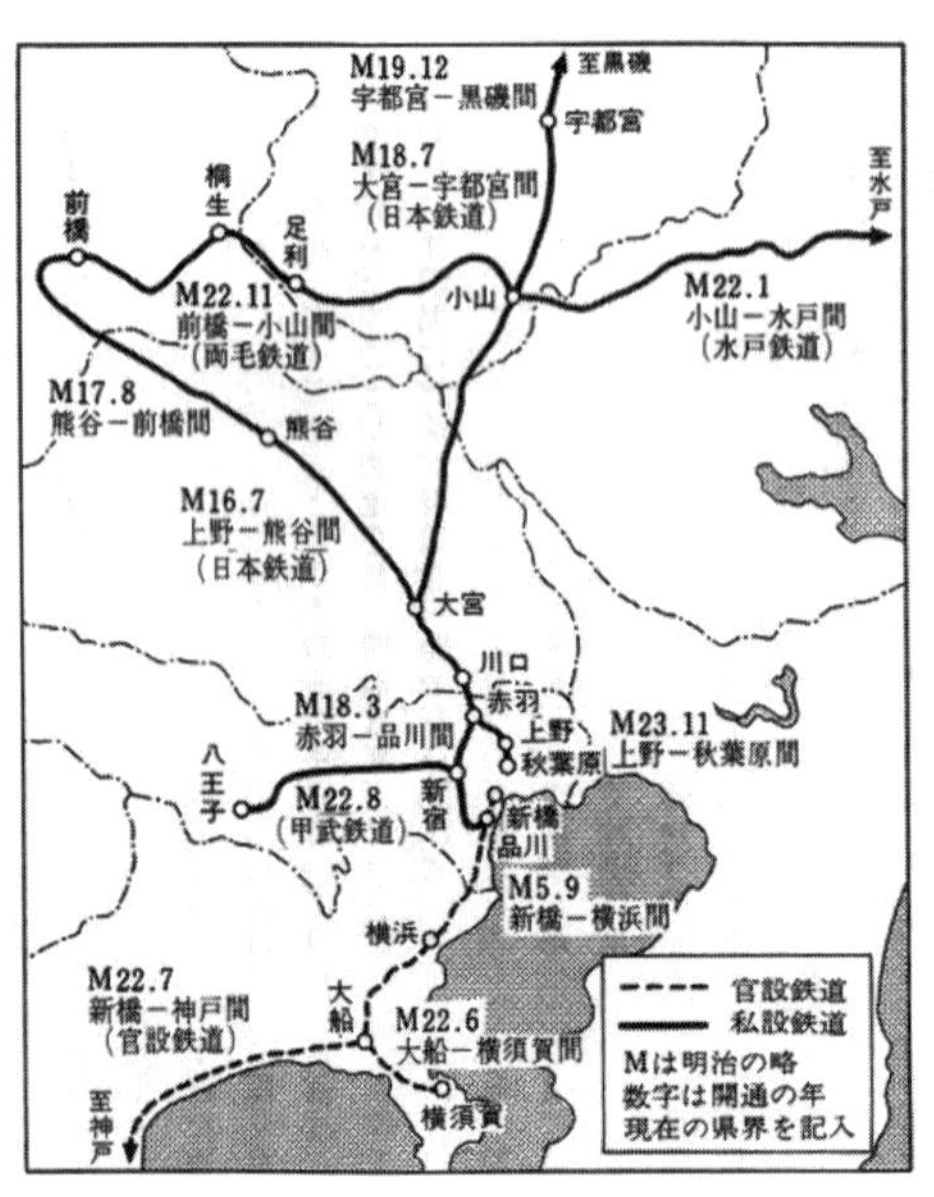

（『江戸東京まちづくり物語』田村明著）

通させ、十七年には高崎を経て前橋まで開通させた。

東北線は奥州街道沿いに通す予定であったが、地元の反対が強くて断念。大宮を分岐点にして明治十九年（一八八六年）一月に宇都宮まで開通した。明治二十年（一八八七年）十二月仙台、明治二十四年（一八九一年）八月青森まで全通した。東海道線は明治二十二年（一八八九年）七月新橋から神戸まで開通した。

山の手線の建設

なかでも山の手線の建設も興味深い。上野〜新橋間が開通していないため、上州や信州の生糸は鉄道で運ばれて上野に着くと、荷車に積まれて新橋で再び列車に乗せ横浜で船積みした。上野〜新橋間は都心部のど真ん中を縦断するので、あまりにも金がかかりすぎるという理由であった。

明治十八年赤羽から品川間開通。生糸を運ぶのに上野〜新橋間の鉄道がないというのはあまりにも不便であった。そこで東京の西側の人家の少ないところを通す方法がとられた。最初は品川線と言った。現在の埼京線のルートだ。私鉄の日本鉄道が建設した。最初、途中駅は板橋、新宿、渋谷のみであった。一日三往復、乗降客は一日平均一五人ということであった。その後明治三十六年（一九〇三年）池袋、巣鴨、田端と結ぶ線が設けられた。これを利用して、上野、田端、池袋、新宿、品川という線と、池袋〜赤羽間に旅客列車が走った。のち高田馬場、目黒が開設された。

明治三十七年甲武鉄道は中野から飯田町に電車を走らせている。この頃、国は明治三十九年から四十年までに主な民営鉄道を買収して国有化した。

大正三年（一九一四年）東京中央駅が開業し、汐留から煉瓦造の連続アーチ高架橋によって市街地のなかを延長できた。アーチ橋（図表・35参照）によってその土地に住む人の権利を確保したと考えられる。大正八年には神田、御茶ノ水、東京を結ぶ線がやはり煉瓦造の連続アーチ高架橋で完成した。これで中央線が東京駅まで入ってきた。いまでもこのアーチ高架橋は有楽町、神田、東京あたりにたくさん見られる。いまだ山の手線はできていない。

大正十四年（一九二五年）に懸案であった上野から神田間の高架線が開通した。関東大震災でこのあたりが壊滅したため工事が促進したのである。ここではじめて環状に繋がって、現在の運行になった。したがって、環状線なのにどうして丸くないか、このいきさつで理解できた。山の手線は今ではなくてはならない線となっているが、最初から計画されたものではなく、偶然に生まれてきたとも言える。

山の手線開通前、中野発上野行きあるいはその逆の電車が運行していた時期があった。「の」の字運行であった（図表・36参照）。この運行で環状線が便利であるとより強く認識したのであろう。

図表・35：現在も残るアーチ橋万世橋付近

（撮影　筆者）

郊外私鉄電車と沿線開発

明治四十年に国は主な私鉄を国営化した。国有鉄道は東海道線のみであったから、かなりの数の私鉄経営者の矛先は郊外開発に向かった。東京に人口が集中してきたためである。「の」の字運行であった山手線は、大正五年には電化され、電車が走り沿線の宅地化及び沿線の電化が進みだした。大正時代は都市開発意欲の旺盛な時代だった。

・東武鉄道は明治三十二年北千住から久喜間を開通させた。
・京浜電車は明治三十四年川崎から鈴が森を開通させ、大正十四年山の手線と接続した。
・玉川電車は明治四十年渋谷から玉川（現在の二子玉川）開通。
・東上鉄道（現在の東武東上線）は大正三年池袋から川越開通。
・武蔵野鉄道（現在の西武鉄道）は大正四年池袋から飯能開通。
村山線は昭和二年高田馬場から東村山開通。
・京王電軌鉄道は大正三年新宿から調布開通。
・目黒蒲田鉄道は大正十二年目黒から丸子開通。
・小田急は昭和二年新宿から小田原開通。
・東横電鉄は同年渋谷から神奈川開通。

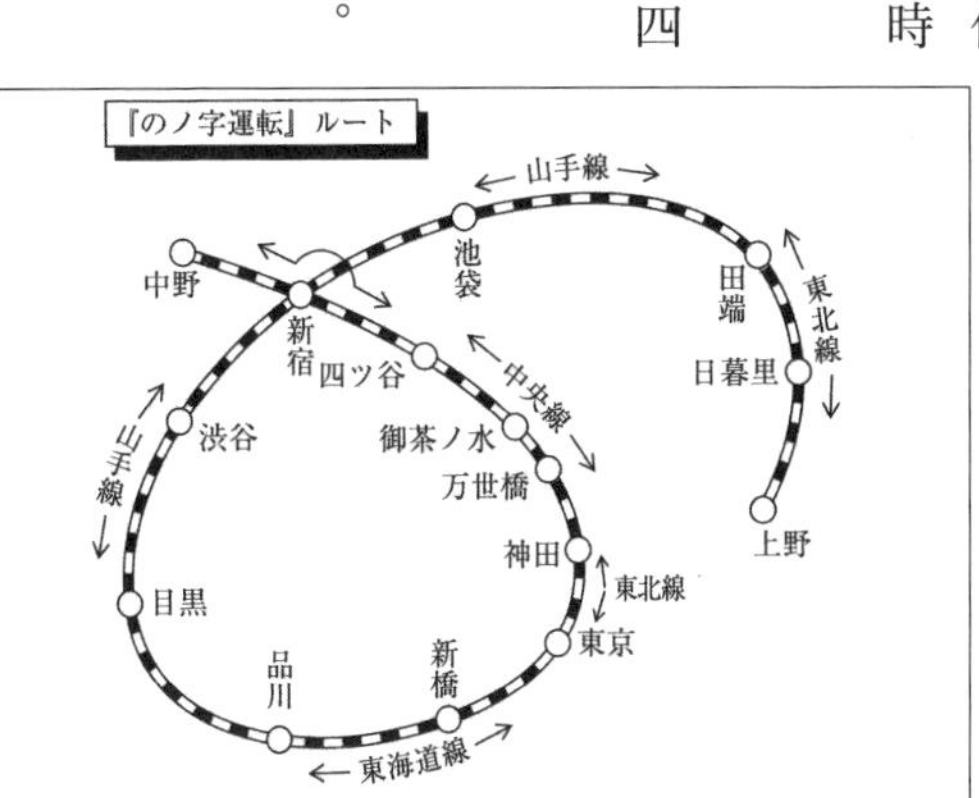

図表・36：山手線「の」の字運行

（『山手線誕生』中村建治著）

・池上電鉄は昭和三年五反田から蒲田開通。
・京成電鉄は昭和八年上野公園乗り入れ。
・帝都電鉄は昭和九年渋谷から吉祥寺開通ということであった。
まさに開発ラッシュである。昭和の初期まで日本は内需によって、景気のよい時代であった。

現在の接続状況は昭和の初期に完成している。山の手が西へ拡大していった時代である。その後ターミナル駅の開発が進展していく。それは地下鉄の進展と共に進んでいくのである。しかし、地下鉄の進展の前に、地上を走る市内電車網があった。それは昭和四十七年（一九七二年）車の増加や地下鉄との競合で、荒川線を除いて廃止になった。そのルートの跡は都バスが走っている。東京においては輸送力の多い地下鉄が選択されたのであろう。

最近地方都市では市内への車の量を規制するためや、中心部の活性化の為に、市内電車を通そうとする話が多い。また、マイカーより市内電車は一人当たりの二酸化炭素排出量が遥かに少ない。一度廃止した市内電車を復活しようとすることも聞く、何事もよく考えて行動しなくてはならない一例である。

図表・37：日本橋の高速道路
（撮影　筆者）

高速道路と景観

現在では全国に高速道路網が完成している。特に東京においてはその成り立ちに問題があった。それは都市景観的に言うと美しくないことだ。どこに高速道路を造ったか。既存の道路の上か、河川の上に大部分を造ったのである。首都高速にのると急カーブが多いことに気が付く。これは河川の上から道路の上に移ったりしなければならないためだ。なにしろ早く造りたかったのであろう。一番簡単な方法をとったのだ。なぜなら河川と主要道路は国の所有となっている。地権者の承諾はいらない、土地収用のお金もかからない。思想や美意識より安易さと金を選んだ。

しかし、よりにもよって東京のシンボルとでもいう日本橋の上に造ったのだ（図表・37参照）。前述した通り、江戸は水の都であった。その中心は日本橋である。浮世絵にも描かれた景観のよい場所であった。それを台無しにして、経済優先にしたのだ。

パリは都市のなかでも景観が優れている。高速道路や鉄道が空中を走ってはいない。鉄道や高速道路がないわけではない。セーヌ川の側道の下に注意深く押し込まれていたりする。環状の高速と鉄道は地面の下に置かれている（図表・38参照）。地表で見ている人には

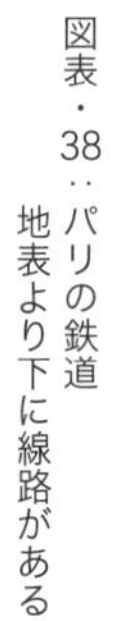

図表・38：パリの鉄道
地表より下に線路がある

（撮影　筆者）

見えないようになっている。大切な都市景観を鉄道や高速道路で乱したくないというコンセプトをひしひしと感じる。

隣国、韓国の首都ソウルも日本と同じ高速道路の造り方だったが、最近、高速と一般の二段道路の下に埋まっていた古代の川（清渓川（チョンゲチョン））を復元したのだ（図表・39参照）。景観も回復し、人が集ってくる。なによりも古代から続いている空間が再現されるのだ。これは国民に自信を回復させる。実際訪れてそのように感じた。

日本橋も再生の話が持ち上がっているようだが、是非に実行に移して欲しいものだ。内需拡大も国民の誇りに思えることをするべきだ。現在の日本は景観において後進国である。

図表・39：ソウル清渓川の朝

（撮影　筆者）

空港は世界との接点

二十世紀は航空機とその拠点が発達した時代だった。これから先どのようになるだろうか。化石燃料を使わない限り、今の航空機では飛び立てないように思われる。電気のエンジンではなかなか難しいだろう。ただそれとは別にスピードが航空機の重要な機能である。

人は情報を得たら地の果てまでも行きたくなるようだ。早いほうがよいのだ。その機能を維持するなら、再生可能エネルギーの燃料とエンジンを開発しなければならない。それとは別に電気を使った大陸間リニアモーターカーという方法もあるかもしれない。

ただ前述の如く最近ではバイオ燃料を使って、ジェット機を飛び立たせる実験をしているようで、実用化に目途が付いているという報告がある。

五．都市の発展

産業革命以前の西洋の都市には類似点がある
発達した都市は川、港沿いに成長している。舟運によって、大量の物財を効率的に移動できるのが理由だ。ローマやパリにはテベレ川、セーヌ川がある。また、防衛のため城壁がつくられている。これは日本と異なり、まち全体を囲んでいる。防衛上、費用上の理由で円形となっている。これは合理的だ。少ない材料で最大限の物財を囲い込み、防御の場合も少ない兵隊で済む。特に市民の資金でつくるには、この事が重要である。
ローマ帝国の植民地などでは、戦後の都市建設でグリッドプランを押し付けた。ギリシャのアテネなど港湾都市を再デザインしている（図表・40参照）。要塞や重要な建物のデザインは一人の専門家がやったようだ。グリッドプランは紀元前のバビロンや中国でもみられる。次に身近な都市、東京の発達の歴史を見ていく。

都市は城壁で囲まれている

朝鮮半島に渡った瞬間から、ユーラシア大陸の果てのスペインまで都市とは城壁に囲まれた場所を指す言葉である。

日本列島に住んでいるとわからないが、隣に肌の色が異なり、言語も習慣も異なる多くの人びとが暮らしている状況を想定してみるとよい。日本列島が海に囲まれ、中国大陸から適度な距離にあったことによって、現在の日本文化が培われたことがよくわかる。

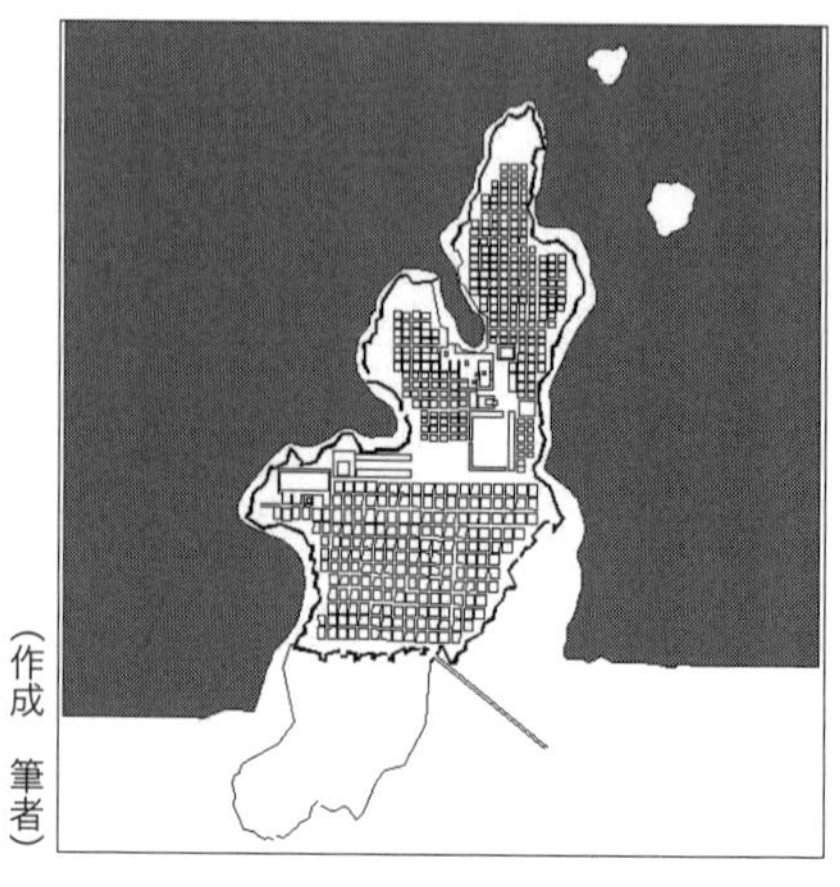
図表・40：ミレトスのグリッドプラン
（作成　筆者）

六．都市・江戸のはじまり

江戸の原風景

江戸の江は海水が陸地に入り込んだところの意味であり、戸は入口の意味である。武蔵野台地（品川台地、麻布台地、麹町台地、本郷台地、上野台地）が海にせり出したところであり、それぞれの台地の間には谷や川があった。日比谷入江は海苔をとるための編んだ竹（ヒビ）にちなんだ名前といわれている。

（図表・41）を見ると今の丸の内付近は海であった。海から武蔵野台地が立ち上がって、その先端に小城があった。その風景から現在の姿は想像できないだろう。ただこのあたりには人が集まって集落があったようだ。大坂の例があったとはいえ、開発者徳川家康の能力が尋常でなかったと考えざるを得ない。

徳川家康の江戸入り

家康の江戸入城は江戸幕府開設の慶長八年（一六〇三年）の前、天正十八年（一五九〇年）八月江戸入城が東京のはじまりである。秀吉の命令により、家康の所領三河、遠江、駿河、甲斐、信濃に代えて、北条の旧領関八州二四〇万石の国替えとなった。結果としてよかったが、未開の土地であった江戸移封は家康にとっては、大変なことであったと推察できる。

江戸は家康入城の当時、未開の地であった。鎌倉時代、この地に御家人として江戸氏が存在していた。その後、長禄三年（一四五九年）扇谷上杉氏の家宰太田道灌が江戸城を築いたといわれている。一四八六年太田道灌は扇谷上杉氏によって謀

図表・41：江戸の原地形

（『江戸・東京の川と水辺の事典』鈴木理生編著）

殺されている。

大永四年（一五二四年）小田原北条氏綱が上杉朝興を攻めて、江戸城は北条氏の出城となるが、北条氏は天正十八年（一五九〇年）四月小田原城を秀吉の大軍によって包囲され、七月小田原北条氏は滅亡する。

江戸の東側、利根川デルタは入江や湿地帯が多く、西の台地は水利がないため耕作に適さない雑草の生い茂る原野であった。これが武蔵野の原型である。

江戸の発展の可能性としては関東平野の中心であり、西の大坂と比較して遜色なく、大局的見地からみると条件は整っていた。潜在的に（開発すれば）利用可能な土地が多く、東京湾の奥で、外洋に面さない静かな入江で湊をつくるのに適していた。

日比谷入江の埋立と都市建設

家康の真っ先に行った事は道三堀の建設であった。江戸湊から城のすぐ下まで堀をほって、江戸の姿を決定する人為的な最初の線を記した。その後、将軍の侍医今大路道三の屋敷があったところから、いつのまにか道三堀といわれた。

その道三堀より、大量の物資を舟によって運んだ。道路はでこぼこでとても役には立たなかった。城を築く石材、食料、軍需品などを道三堀より運び込んだのである。石は遠く伊豆より運んだ記録が残っている。

その後日比谷入江の埋め立てに着手した。家康の顧問オランダ人のヤン・ヨーステンの提案によるといわれている。海側から大砲が城まで届かないようにするためであったらしい。八重洲の地名はヤン・ヨーステンの屋敷があったところで、その名前から八重洲になったと言われている。日比谷入江の埋め立ては、今の駿河台にあった小山の神田山を削った土砂を利用した。また、西の丸の堀を掘削した土も利用した。こうして一石二鳥以上の手を打った。土砂を使って埋め立て、土地をつくり、削ったところも土地になる。しかも堀など防御にもなる。都市を治めることは、その複雑さを逆に利用することだ、と歴史が教えてくれる。

徳川家康の都市計画

江戸城を中心とした城下町であり、武士、町民、農民の階級に応じた住みわけがされている。デルタを造成した掘割のある町民の下町と山の手の起伏に富んだ豊かな地形の武士の生活空間とにわかれた明確な軍事都市であった。東京としての都市の骨格は徳川家康による都市計画によって、その基礎が築かれた。

特異な点は陰陽道による都市の配置計画がされていることだろう。江戸城から見て、鬼門の方向に東叡山寛永寺、裏鬼門に芝の増上寺を配置し、同時に都市防衛の拠点としている。また、主要道路の根本(ねもと)に神社仏閣、主要大名を配置してあり、軍事都市というのが江戸の本来の姿であろう。

陰陽学による都市計画は唐の長安にならった平安京などの例があり、江戸もそうであった。理想は「四神相応の地形」にある。東に「青竜」の神がやどる川。南に「朱雀」の神がやどる池か海。西に「白虎」の神がやどる道。北に「玄武」の神がやどる山のある地形に都市をつくるということが規定されている。

平安京は東に鴨川、南に巨椋池、西に山陽道、北に船岡山を配している。江戸は実際の磁北を振って東に平川（神田川・墨田川）、南に江戸湊、西に東海道、北に富士山を配している。これは後述するが、科学的に見てもなるほどと思わせる。歴史には深いものがある。

江戸の五街道

江戸の五街道は甲州街道、中仙道、奥州街道、日光街道、東海道をさす。それらは台地の尾根につくられ、その尾根道に沿って大名屋敷を配置し、百姓、町人の住む谷道とのあいだに坂道がつくられた（図表・42参照）。これが東京に坂道が多い理由だ。都市形成の最初からもう既に特徴付けられていた。

現在の主要道路（東海道、厚木街道、甲州街道、中山道、目白通り、日光街道、水戸街道）は江戸のルート上を辿っている。その主要幹線道路は台地の尾根をはしる。中山道（本郷通り）は本郷台地、甲州街道は麹町台地、厚木街道は赤坂麻布台地といった具合だ。

この台地に主要幹線道路を造ったことには当然であるが感心する。工事は谷に造るよりはるかに容易で、短期間で出来る。将来の発展も期待できる。家康の打った一つひとつの手に、なるほどと思わせる部分がある。この尾根道を結ぶ環状道路、尾根道と谷道を結ぶ坂の存在がある。尾根道に沿って発

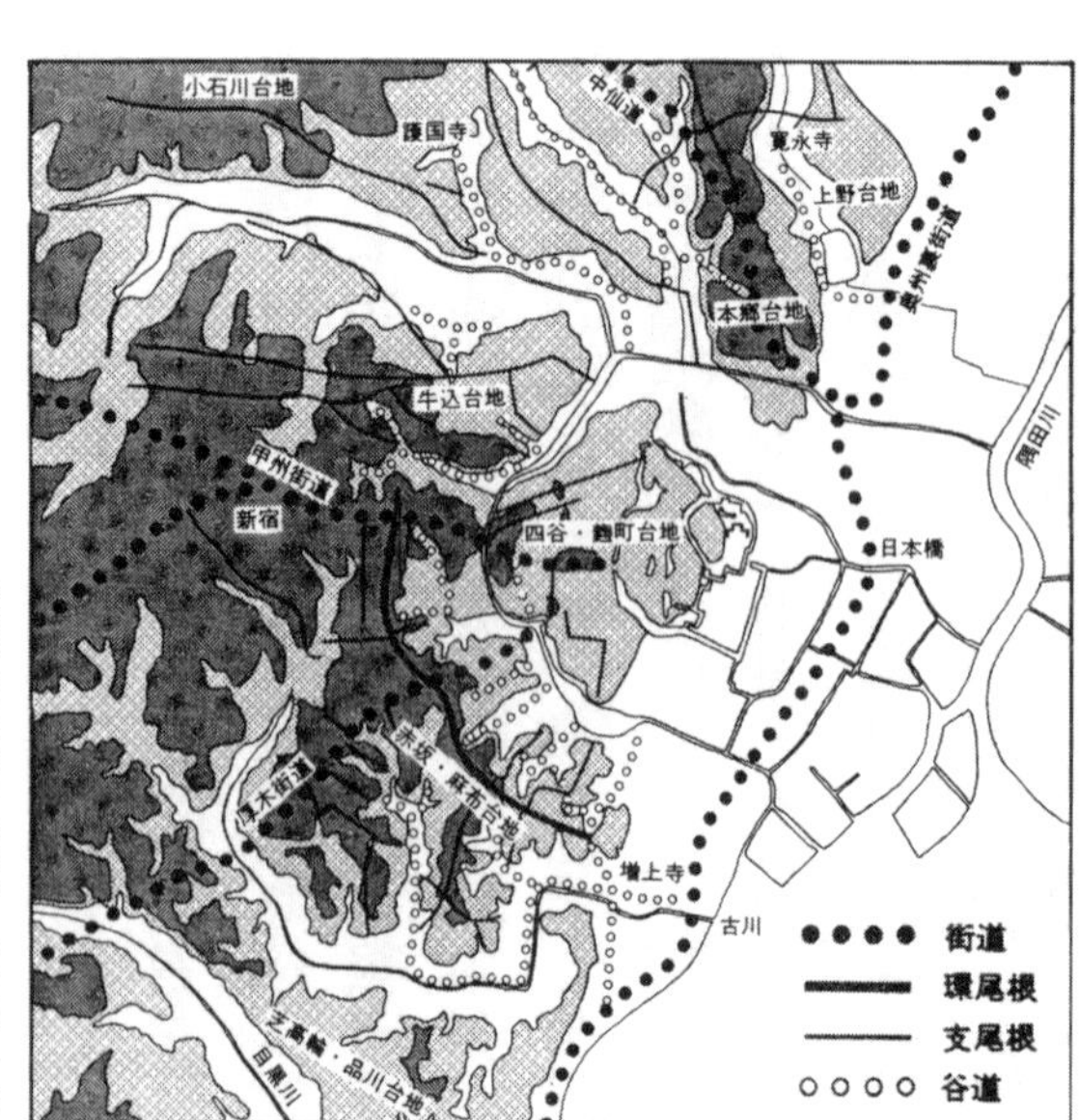

図表・42：江戸の街道と坂

（『東京の空間人類学』陣内秀信著）

展がみられ、同時に谷を這う道の発展もみられる。

江戸・東京の段階的な推移

○第一段階

江戸の初期において、城下町として徳川家康の意図通りに計画された。一六五七年の明暦の大火後は城下町の枠組みを越えて、周辺部へ大きく発展した。山の手では「田園都市」下町では「水の都」として都市の魅力を高めていった。

○第二段階

文明開化に始まる明治の東京。江戸の蓄積の上に西欧的要素を採り入れてゆるやかに近代化が進められた。大名屋敷の跡地は近代国家の首都に必要な都市機能の受け皿として利用されて行く。都市の基本構造を変えずに、土地利用の用途を変更し、建物を洋風の意匠（和洋折衷等々）にしていった。

○第三段階

大正後期、昭和初期。西欧の都市計画の考え方を導入していった。大正デモクラシーのモダニズムの精神による。実用性、機能性、快適性、美的性が追求されていった。その結果、街路、街角、広場、公園といったものがつくられて行った。現在我々が享受している都市空間はこの時代に形づくられている。

江戸の庶民生活

江戸においてはどのような庶民生活を送っていたのだろうか、興味あるところだ。それには絵画を見て当時を推測できる。

「江戸名所図屏風」を見る（図表・43参照）。寛永年間（一六二四〜四四年）の制作と考えられている。長い戦が終わり、新しい時代の活気ある都市生活を描いている。江戸城を中心とした構図に墨田川の花見の様子から品川沖の帆船までの江戸全体を扱ったものだ。作者及び誰が描かせたか不明の謎の絵画である。京都の洛中洛外図に対抗した構図を取ったと考えられている。

「熙代勝覧絵巻」を見る（図表・44参照）。文化二年（一八〇五年）の制作と考えられている。神田今川橋から日本橋までのおよそ七町七六〇メートルの町並みが描かれている。老若男女一六七一人、犬二〇四、馬一三頭、牛四頭、猿一匹、鷹二羽が登場する。「熙（かがやける）御代の勝れたる大江戸の景観をとくとご覧あれ」という意味の題名がついている。江戸文化の爛熟した時期を描く。これも作者及び誰が描かせたか不明の謎の絵画である。しかし、その町並みに店を構える誰かであろう。

図表・43：『江戸名所図屏風』部分

（出光美術館）

江戸を殺した明治維新

明治維新になって明治政府は廃仏毀釈をおこなった。これは寺院の仏像を廃棄しろという命令であった。暴力的なことだが、江戸時代を支配していた概念を叩き潰そうという強い意思が見られる。神仏化した家康公に対抗したのだろう。仏を捨てて、天皇家の祖先を敬う。天皇の神格化を意図している。また、江戸の景観を大きく変更していった。それらは大名の門や長屋門の廃棄であり、敷地周辺を緑化することであった。

こうして江戸の遺産を否定し、富国強兵、文明開化、産業振興を優先していく。明治神宮は明治天皇を祭って創建されている。その後太平洋戦争の敗戦で天皇は人間宣言をして、天皇の神格化は終わる。神は二度死んだといわれている。

七．江戸・東京の上下水道

水と都市

これまでの経緯からみると、水の存在は極めて大きい。都市の存亡にかかわることであった。人間の生存にからむ飲料水としての水、排水としての水利、物資の運搬に使用する河川、海。物や燃料である薪炭（まきすみ）の森林を育てる水。まさに都市は水の恩恵と水の制御に

図表・44：『熈代勝覧絵巻』部分（ベルリン東洋美術館）

よっている。都市は上下水道の歴史といっても過言ではないくらい、その詳細は興味深いものがある。

江戸の上水事業

上水とは水道のことである。もちろん水道管ではない。江戸東京の開祖徳川家康は、江戸移封の一月前一五九〇年の七月に上水工事を指示している。このことから、家康はいずれ天下をとって、江戸を大規模な都市にしようと考えていたと思われる。太田道灌や後北条とまるで考え方の基盤が違う。江戸を都市にするために真っ先に水道事業から手を付けた。天下を取る関ヶ原の一〇年前のことであった。

まず上水事業に伴う河川整備をしている。平川（ひらかわ）（現在の神田川）沿いの低地に盛土をしている。日比谷入江の埋立てでは良質の井戸水は期待できなかったことと、平川よりかなり奥の早稲田あたりまで、汐がはいって田圃に適さなかったことが、上水開発の理由であった。平川の支流に妙正寺川、善福寺川がある。

神田上水の誕生

井の頭池、善福寺池、妙正寺池等を水源とする平川（神田川）に目を付けて小石川あたりに堰をつくって、小日向あたりを通して分水し神田方面に供給した。これが神田上水である。堰（せき）のあったところは現在でも文京区の関口町という地名が残っている。このあたりの平川は江戸川と呼ばれていた。現在でも江戸川橋という地名が残っている。江戸を支えた川であった。利根川の支流の現在の江戸川とは別ものである。

井の頭の湧き水は「親の井」と呼ばれていた。家光の時代に井の頭となった。井戸のかしら（頭）という意味である。神田上水の工事は数ヶ月で完成した。これを担当した大久保藤五郎は主人（もんと）という名を与えられ、この事業の価値を多くの人に認めさせて、高く評価した。都市づくりへの家康の意気込を示すよい例である。軍事優先から生活優先へ都市技術者を評価した。家康の先見性を感じる。

供給範囲は次第に延長され、東は永代橋、北は神田川の南、南は京橋まで、当時の下町の大部分に及んでいる。供給方法は地中に木管を埋めて、所所の溜め桝（たます）を経て井戸に配る。庶民はそこから汲み上げて共同で使う。現在の水道とは違う。

神田上水の範囲では木管の延長は六六・三キロ、井戸の数は三六六三箇所、相当な密度といえる。これがなかったら、江戸の市街地の生活はありえなかった。神田上水だけでは江戸の南のほうには供給できないので、赤坂の溜池の水を使い、赤坂上水とも溜池上水ともいわれ、埋立て地など江戸の水利の悪い地域に供給された。

玉川上水の建設

巨大都市東京の成立を可能にした画期的な事業であった。古代ローマの水道事業と同様、自ら成長していく都市の実体を備えてきた。幕府は承応元年（一六五二年）多摩川の水を江戸に引込む計画を立てた。庄右衛門、清右衛門兄弟にいわゆる民活方式で請け負わせた。幕府は七五〇〇両を出資、監督は関東郡代伊奈半十郎忠治であった。

政治の安定と参勤交代などで、人口の膨張期にはいり江戸の人口は家光の時代の三〇万人から八〇万人に倍増していた時代。水の不足が予想された時期であった。承応二年（一六五三年）羽村堰から四谷大木戸まで約四三キロメートル、高低差約九二メートルの緩勾配を自然流下方式で工事している（図表・45参照）。正確な測量技術によって、水路は僅か八ヶ月で完成した。工事費は予定をオーバーして兄弟が負担することになった。その功績により玉川の姓を賜った。その後上水の管理をまかされたが三代目の時に不正があったということで、江戸払いになってしまった。

四谷大木戸まではオープンな水路でそこからは地下二・七メートルの深さに一・八メートル角の石の水路があった。そこからは木樋で各所に配水された。一部は江戸城内に引込まれていた。

玉川上水の分水によって、青山上水、三田上水、千川上水、これとは別に荒川水源の本所（亀有）上水の四上水がつくられる。神田上水、玉川上水をあわせて江戸の六上水と言われた。明暦の大火（一六五七年）の直前に完成した。江戸はその後急激に外延にスプロール化していく。これは水の力によって居住が可能になった証明である。また、明暦の大火によって江戸城天守閣が焼失したがその後再建されることはなかった。

武蔵野の台地にも多い時には三三もの分水をつくり、この地域の農業発展を可能にした。それまでは、牧場程度しか使えなかった草原であった。上水の管理には所所に水番をおいて補修や水浚いを行った。松尾芭蕉も江戸に出てきた頃、関口町で水番をしていたこ

図表・45：玉川上水

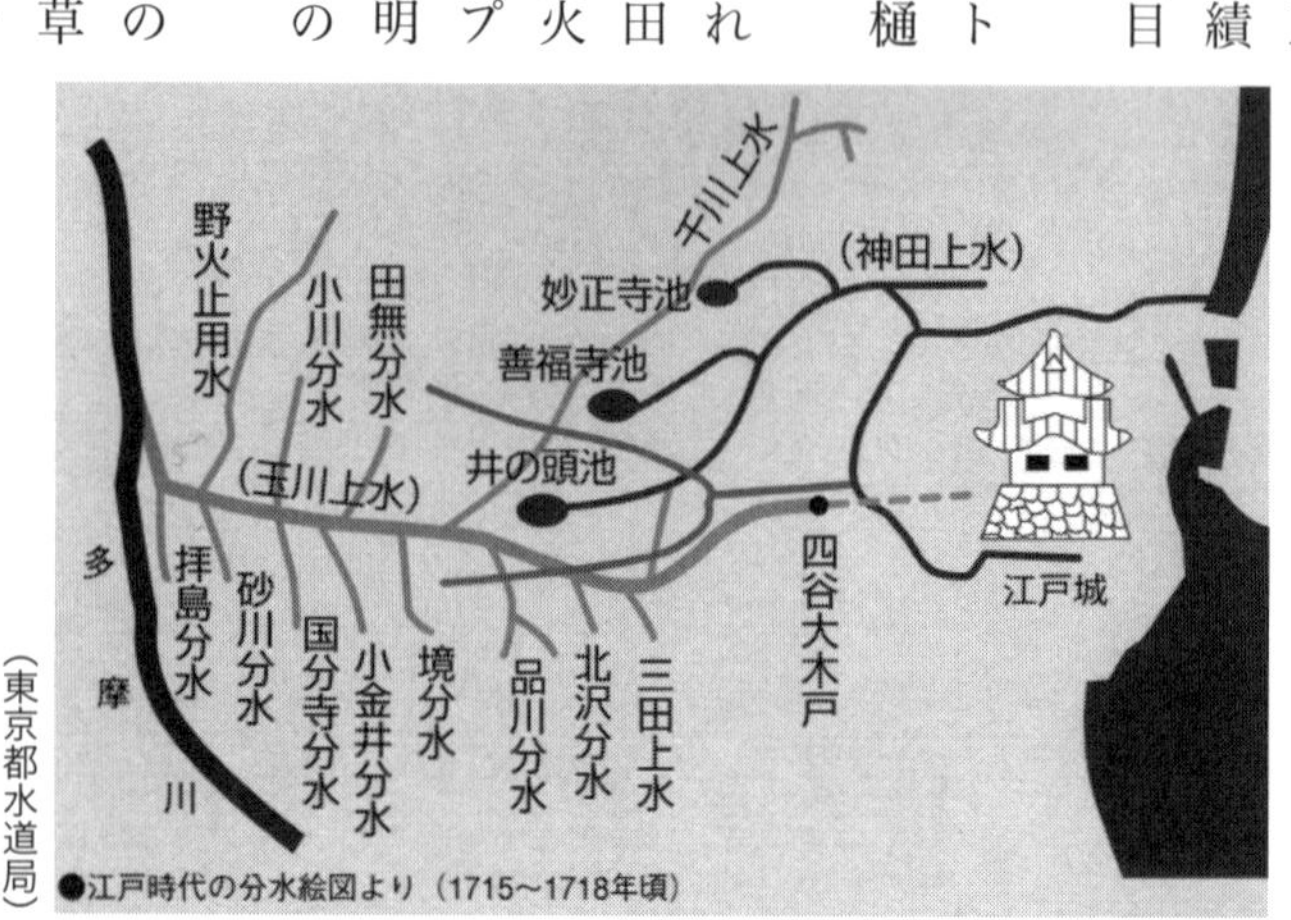

（東京都水道局）

とがあるという。水道の維持に水銀を徴収した。武家は石高割り、町人は間口割りで地主だけ払うシステムであった。

東京の上水道

江戸時代には土壌を汚染して、汚水が水道に入り込むことはあまりなかったが、幕末の安政のころになると、コレラの大流行があって、近代水道への要請が高まった。しかし実際に近代水道を引いたのは横浜（一八八九年）に遅れること九年の明治三十一年（一八九八年）のことであった。明治まで江戸のシステムが生きていたのである。

玉川上水の水路を通って淀橋の浄水場を建設して、衛生処理した水を市内に供給した。ここでやっと水道管の登場となった。昭和七年に現在の二十三区まで拡大されるが、水道の普及率は旧市内八八パーセント、新市域は三三パーセントしかなかった。杉並、世田谷、目黒など周辺区部に水道が入るのは第二次大戦後であった。

昭和三十年の東京都の一年間水道総使用量は六億一〇〇〇万立方メートル、昭和六十三年には一七億一〇〇〇万立方メートルとなっている。現在は約二二億七〇〇〇万立方メートル。現在は多摩川水系だけでは足りずに、東遷した利根川、荒川水系から七八パーセント、多摩川水系から一九パーセントとなっている。

東京の下水道

現在、東京の下水道は東京都が管理している。この方式は明治から各自治体で管理運営することと定められた。もっとも、上水に関しては江戸時代も各藩で行われていた。村々の水争いの記録が多数残っていて、現在もそれが引継がれているものもある。

下水道は上水道に付いてくるものとされている。上水道はメーターがあって、どれだけ使ったかひと目でわかるが、下水道にはメーターがない。しかし、料金は上水道使用量でかかってくる。この価格には下水道処理量が含まれている。これは、上水道で使う量と下水道で使う量はほぼ等しいとの考えからだ。各家庭で炊事、洗濯、風呂、洗面、便所で使う水の量とその排水量がほぼ等しいとの考えである。人が飲んだ水も排泄される。排泄を他でしても大勢に影響ない。

汚水排水の事は考えたことがないかも知れない。しかし、地震などが来て下水道が壊れたら、排水について非常に困る。都市は人の排泄物で埋まってしまう。阪神大震災でもそうであった。

下水管は建物から出て道路に埋まっている（図表・46参照）。道路が地震などの亀裂で壊れたら同時に下水管も折れて使えない。垂れ流しになってしまう。また、停電になったらポンプが動かないから排水も水も供給できずに、汚物を流すことは出来ない。

各家庭のトイレでは停電になっても道路下の下水管が使用可能ならば、直接水を運んできて人力で流すことができるが、まず現状の構造では下水管は壊れる可能性が高い。日頃から地震に対して備えなければならない。関心がないと駄目だ。

日本では、下水道に関しては終末処理施設によって処理するという考え方が一般的だ。都市ではそれがよいだろう。しかし、一戸一戸離れている農村まで延々と道路の下に下水管を設置して処理する必要があるか疑問だ。各自性能の良い浄化槽で処理した方が安上がりであるし、安全だ。土建業者の言いなりの行政が目に付く。

東京都では終末処理施設を水再生センターと呼んでいる。現在、二三区の下水道普及率は、ほぼ一〇〇パーセント、八三六万人が使っている。多摩地域は下水道普及率九四パーセント、三七〇万人が利用している。水再生センターで浄化され川や海に放流されている。今後は、屎尿もエネルギーとして利用出来れば都市は有利になる。

東京都ではそれほど問題はないが、大阪と京都との関係はとても気分の悪いものだ。なぜなら、前述の上下水道は各自治体で管理運営すると決められている。京都では終末処理施設を桂川の大阪府との境界に設けてそこで排水している。大阪府ではその川の下流府内に入った地点で上水の取水をして、浄水場に運んで各家庭に配水している。いわゆる大阪は京都の臭い水を飲んでいるという話が出てくる所以だ。全国一律にそのようなことになっている。東京都でも利根川水系では同様の事情である。

水事情もいろいろあるが、都市には欠かせない水ということを理

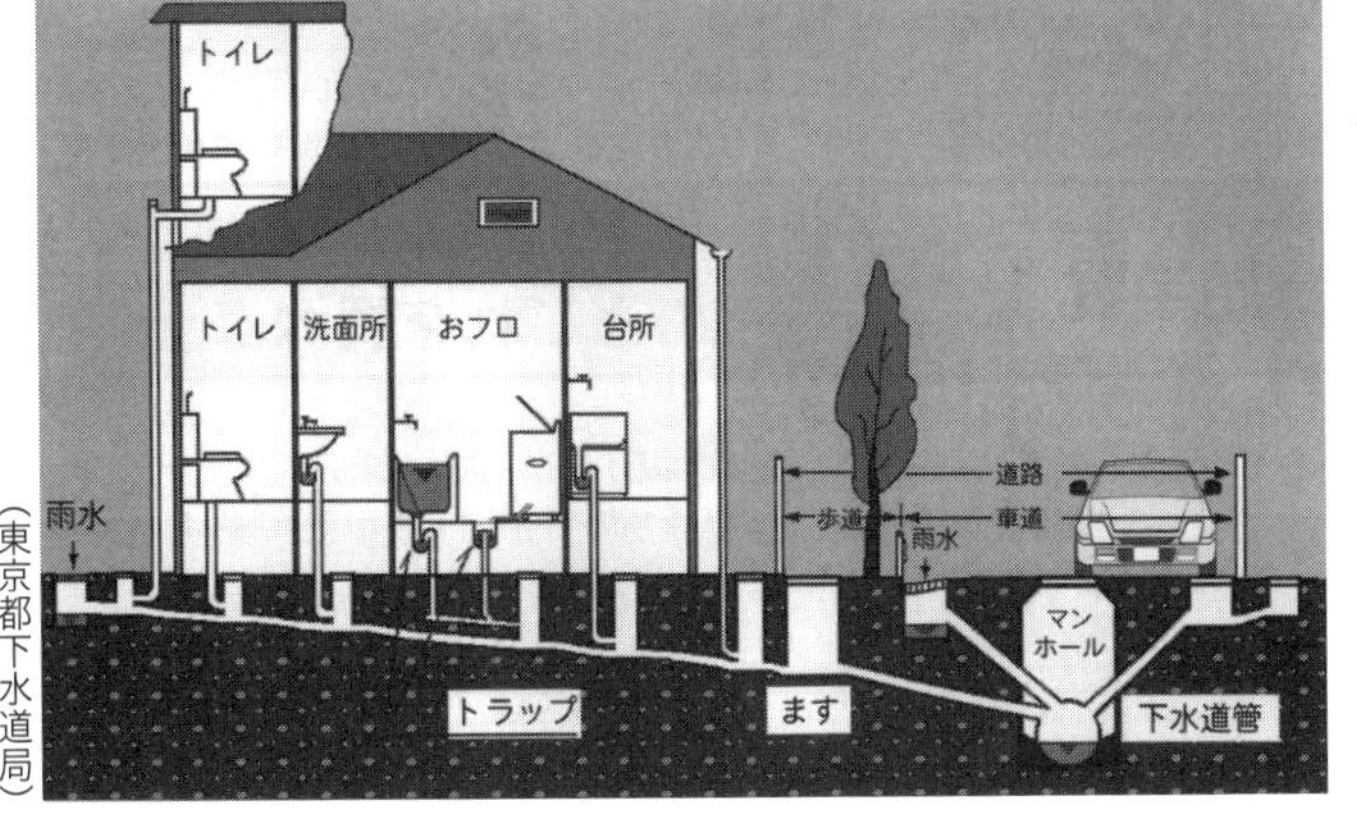

図表・46：排水と下水管のしくみ

（東京都下水道局）

解していかなければならない。中世の時代に水争いのいきさつもあるが、まだまだ改善していくことは多い。そして世界に比較して、日本は水のエネルギーに満ちている。この利点を大いに生かしていく必要に迫られている。

八．「まち」の崩壊

「まち」と「むら」の定義

「まち」という意味の字としては、町、街、都市などが考えられる。しかし、これらの字はある特定のイメージを持ってしまっている。町は町内とかで使用され、狭い居住範囲を示す。街は街路のイメージがある。また都市は漠然としているし、要素が多すぎる。「まち」はもう少し抽象的な意味をもった、市場から発生したプリミティブな「まち」として考えている。その意味で、「むら」は「まち」に食料や燃料を供給する田畑と集落、その環境という意味である。「まちづくり」を考えると、「まち」と言った方がしっくりくる。抽象的な方が良い場合は「まち」とする。（図表・47参照）

図表・47：「まち」と「むら」のイメージ

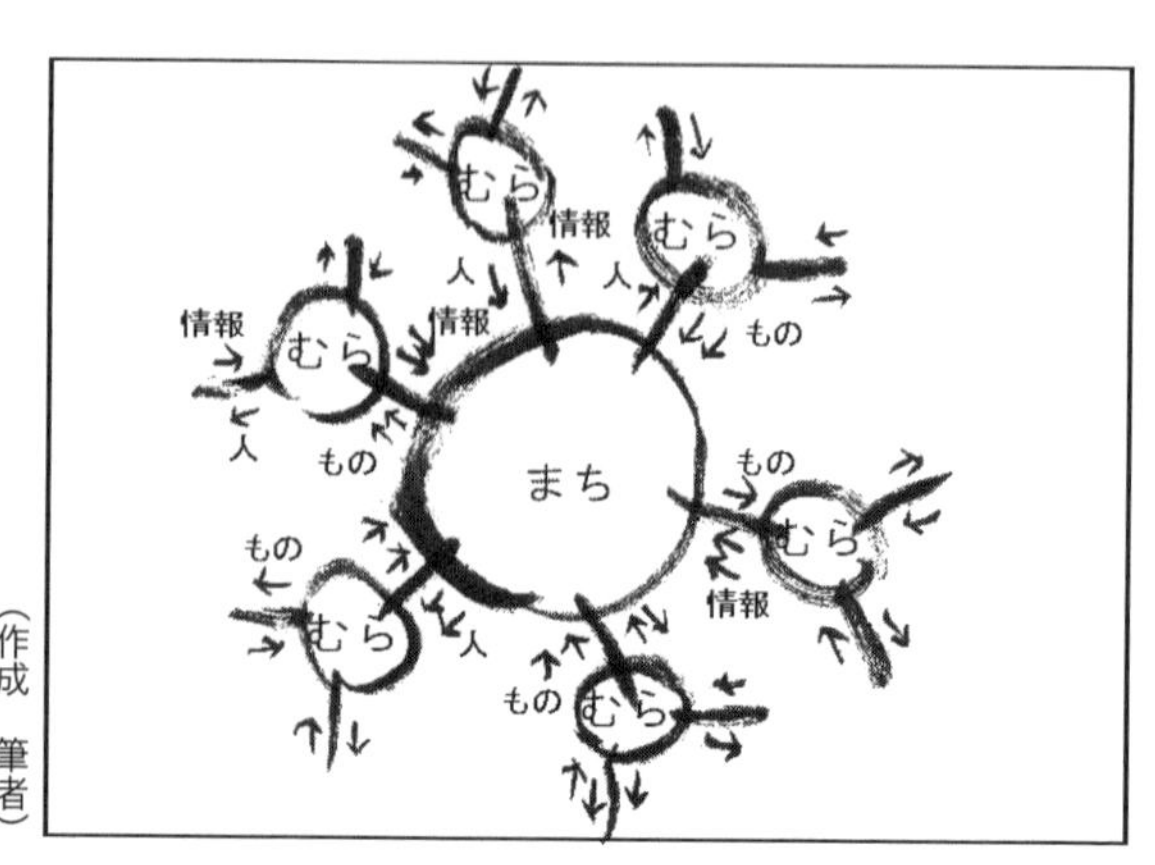

（作成　筆者）

シャッター通りの発生

シャッター通りという言葉がある。特に地方都市の駅前などの通りは集った商店街となっている。その両側の商店にシャッターが降りたままの店が多く見られることから、そう呼ばれるようになった。商店街という機能の崩壊とコミュニティ崩壊が同時に起きているのだ。

これは偶然起きたわけではない。起こるべくして起きた。（図表・48）を参照すると、鉄道が敷設されて駅前に商店が出来た。当然その周辺に住宅地がつくられた。買い物は歩いていく距離、商店街から半径五百メートルほどの範囲で住宅地が出来ている。日々、商店も十分に人が買い物にきて繁盛していた。しかし、徐々に人通りが途絶え、商売が出来なくなっていったと考えられる。

なぜそのようなことになったのか。人がその自治体から逃げていったのか、そうではない。人口は増えている場合もある。人が移り住んでしまったのだ。商店主も店の二階以上に住みづらく、郊外に移住してしまった例もある。笑えない話だ。

郊外に住宅団地をさかんにつくった。田園都市という名のもとに、自治体が競ってそのような団地を民間ディベロッパー（土地、

図表・48：ドーナツ現象とシャッター通り

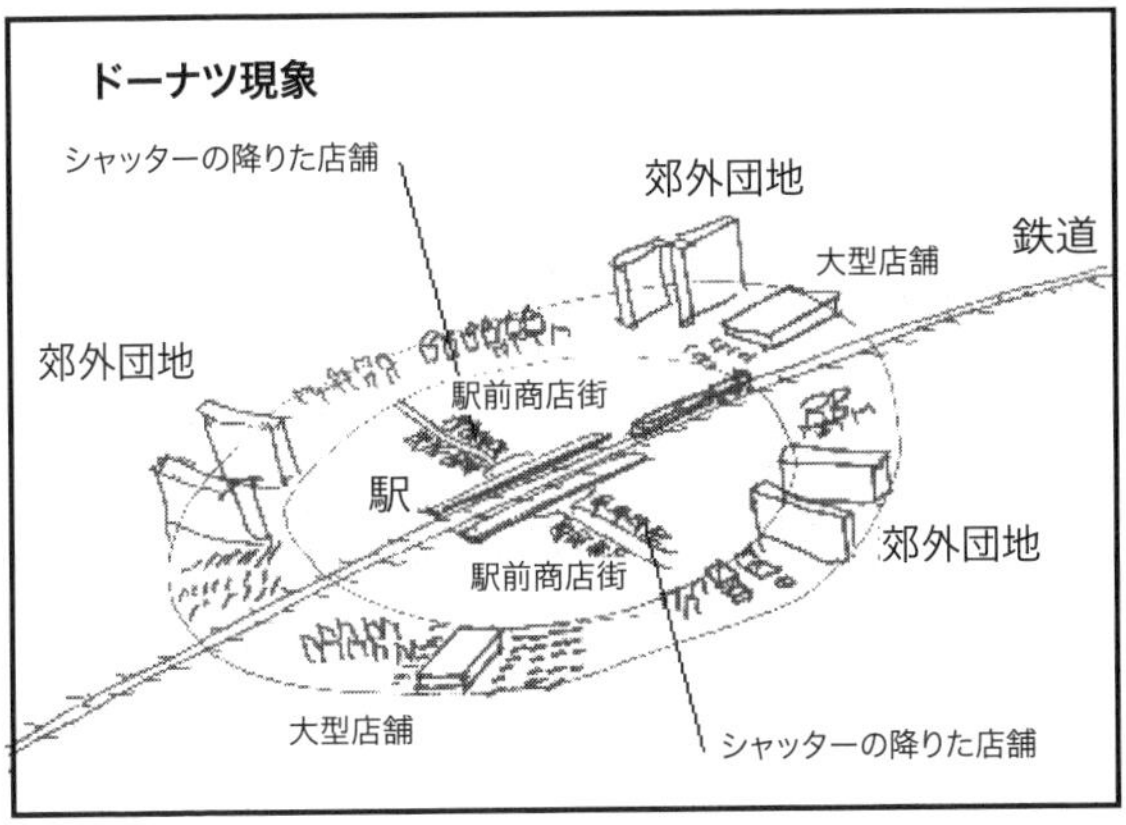

（作成　筆者）

住宅などの開発会社）に許可した。また自治体が開発した結果、人が駅前から移住してしまったのが原因である。また、その郊外の団地周辺に大規模商業店舗を許可したのだ。これでは駅前から人が離れるのは当然であろう。

シャッター通りはこうして出来上がった。これはドーナッツ現象とも言われる。周りに人がいて、中心が空洞なのを表した言葉である。それではなぜそういうことになったか。それに導く理論があった。

九．田園都市理論の拡大

ハワードの田園都市

エベネザー・ハワードによって書かれた「明日の田園都市」（一八九八年出版『明日・現実改革への平和な途』を改題）が都市デザイン上重要な意味を持った。ハワードは最初ロンドン法廷の速記記者であった。一八九〇年代の大都市は産業革命の混雑と石炭の煤煙などによる不健康なものであった。そのような都市に対して疑問を持つようになったハワードは実際に明日の田園都市を実現して見せたのである。都市近郊に脱出を図ったまちづくりである。いわゆる衛星都市というものであった（図表・49参照）。

大都市から鉄道が延びた田園地帯、その鉄道の駅周辺に中心部を設け、周辺部に住宅や工場などを配置するものであった。中心部には市庁舎、美術館、劇場、図書館、病院、コンサートホール、公園、ショッピングセンターなどが置かれる計画であった。これらが図示されている簡潔な書物であった。この理論が世界中に広まって実践されたのであった。現在でもこの理論でまちがつくられている。

しかし、これは衛星都市の理論であった。さらに分化してはいけなかった。田園都市の拡大解釈によるドーナッツ現象で中心がなくなってしまった。ハワードの田園都市では中心が存在する。日本では地方都市の駅にも、この理論を適用した。拡大解釈はタブーだったのだ。要するに、都市のつくりかたを行政が間違って解釈したのではないかと考える。その結果がシャッター通りであった。

ドーナッツ現象と行政

日本においては、ドーナッツ現象のもとになった郊外につくられる大規模な住宅団地と工業団地は自治体の首長の許可があればつくることができる。地方では、議員や首長が建設業者と深く結びついている場合が多い、選挙の票の関係もある。日々の道路補修から箱物（文化ホールや行政施設など）建設まで関係はある。あるディベロッパーが、地元土建業者と結びついて郊外に大規模団地を計画した場合、許可が出やすかったことは事実であろう。だから、あちらこちらに郊外団地がある。

専門的になるが、都市計画法で定める、すべての土地に対して市街化区域と市街化調整区域、山林などが定められている。市街化区

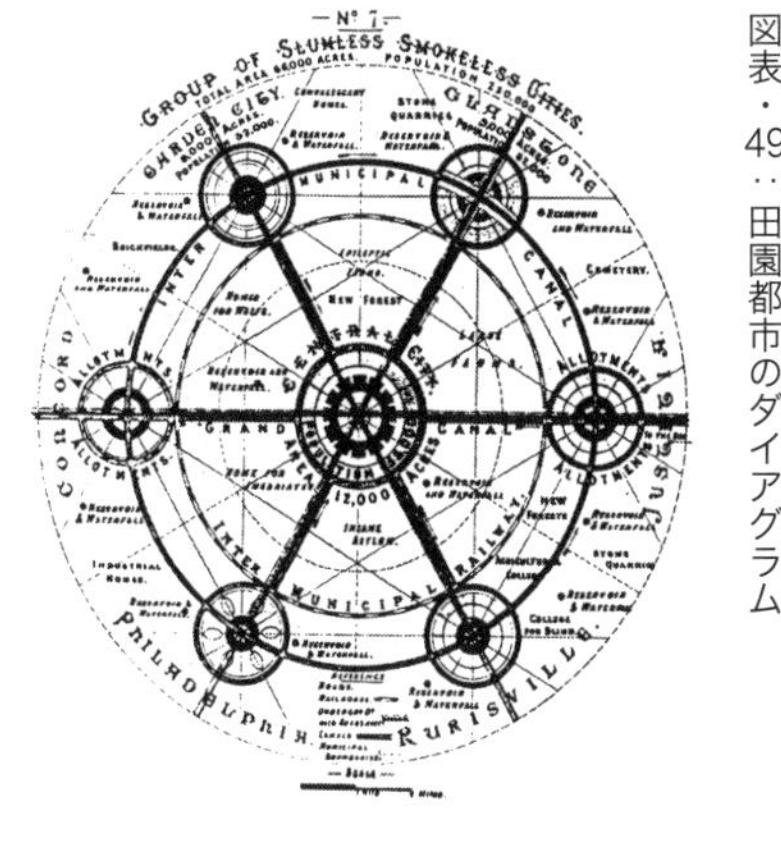

図表・49：田園都市のダイアグラム
（『明日の田園都市』エベネザー・ハワード著）

域とは通常、建物が建てられる場所だ。市街化調整区域、山林などは通常建物は建てることは出来ない。駅前とか主要道路周辺は当然建物が建てられるわけで、郊外は市街化調整区域、山林などになっていて、建物は建てることは出来ない。なんでもかんでも、開発してはいけないという法律規制であった。

しかし、前述のディベロッパーが地元土建業者と結びついた場合、市街化調整区域、山林などに大規模な住宅団地と工業団地が自治体の首長の同意を含めて、ある条件がついて建築が許可される。これが横行したのである。その結果が山の上まで家が建っている。

何がよくて、なにが悪いのか、市民もおおよその都市と建築の規則を知っておいて、首長の選挙時にイエスノーの判断をする必要がある。それによって生活環境を守ることができる。

一〇．エコシティ・江戸

地球とゴミ

地球は太陽エネルギーを取り入れる以外は、閉鎖的な生態系となっている。したがって、人類の生産や消費活動によって放出される廃棄物が地球の循環システムを破壊してはならない。現代はこのまま行くとゴミに埋まってしまう。廃棄物は処理不能で地球全体の問題となっている。

化石燃料が枯渇する時代となれば、現在のようにゴミを排出するわけには行くまい。人類はこのまま行って、有史以来八千年の歴史のある中、直近の二百数十年でこの地球の財産である化石燃料を使い切ってしまうつもりなのか。化石燃料から作られるプラスチックを燃やすことや、埋め立ててよいのだろうか。物を大切に使う必要があるだろう。

今後は一つの国、一つの都市、一戸の家でも生態的に成り立っている事が望ましい。食料の六〇パーセント、エネルギーのほとんどすべてを輸入してはいけない。そんな日本であってはならない。

エネルギーすべてを賄い、廃棄物ゼロのコンセプトが実践されていた時代があった。その点において、江戸は環境先進都市であった。現代においてもその生活を参考にすべきではないだろうか。

環境先進都市・江戸

江戸時代の江戸は都市も生態系のなかに組み入れて存在していた。すべての生活資材は自給自足であった。エネルギー、食料、住まい、衣料、紙などと、僅かな鉱物資源を国内で自給していたのである。しかも江戸中期には世界最大の都市であった。百数十万の人口を擁し、全国の四パーセントを占めていた。全国では人口三千万人であった。

江戸では国土資源を消耗することなく生産の範囲で消費し、処理できる範囲で廃棄されていた。主食の米は太陽エネルギーと水から生産され、主たるエネルギーの薪や炭は里山とよばれる集落の近くから取られていた。

しかし、貧しいわけではなく、人間の文化的、精神的な面でもすぐれたものを生み出していた。美術では浮世絵をはじめ西洋文化にも影響を与えていた。建築では桂離宮もこの時代である。文学、演劇等でも優れたものが残っている。庶民も 生活をエンジョイしていた。花見の名所では隅田川、玉川上水などで桜見物の浮世絵が残っている(図表・50参照)。どこそこの団子がうまいなどグルメの話題も事欠かなかった。

里山とエネルギー生産

「むら」の里山の小川には蛍や沢蟹が生息している。その水エネルギーと太陽によって樹木や柴、雑草が育つ。樹木は毎年枝打ちしたものや、間伐材を薪や炭にする。柴や稲藁、雑草を乾燥してすべて燃えるエネルギーとした。これを河岸に集め、河川を利用して江戸まで運んだ。これが毎年循環されていた。見事に化石燃料は使ってない。

現在ではこの小川をビオトープといって、大切にしている地域もある。農薬の入り込まない小川や池では季節ごとに花が咲き、生物が自然に暮らす環境がある。その環境こそが江戸の里山であったろう。過去に学ぶことは多い（図表・51参照）。

屎尿の農村還元

都市廃棄物の最大のものは屎尿である。日本では屎尿は重要な肥料としてつい最近まで利用されていた。下町では船を活用して運んだ。陸路でも五、六里は運んだといわれている。荒川を使って川越あたりまで運んだ。その肥料を使ってつくられた小松川地域での青

図表・50：玉川堤の桜見物
四谷三丁目付近

（歌川広重）

菜は小松菜と呼ばれた。江戸の近郊農村での生産品と肥料が循環していたのであった。

その意味では、江戸は最大の有機肥料生産工場であった。都市と近郊農村の物質循環過程は第二次世界大戦後も成立していた。日本では屎尿は売買されていたのである。宣教師ルイス・フロイスは「自分の国ではお金を払って持っていってもらう」と書き残している。

江戸では下肥をとるのは一種の権利であった。江戸城のものは葛西権四郎があたり、御三家のひとつ尾張家のものは中野の大名主堀江家があたった。堀江家は多摩、豊島両郡七四ヵ村を支配していた。庶民の長屋の共同便所の屎尿は大家の権利であった。面白い川柳が残っている。「店中の尻で大家は餅をつき」とある。説明は無粋であろう。

衣類、道具の再生利用

ほんの数十年前なら、浴衣が古くなると寝巻にし、さらに古くなるとおむつ、最後には雑巾にしていた。使い物にならないものは「ボロ市」にだす。世田谷の「ボロ市」は江戸時代からのなごりという。

図表・51：里山のイメージ

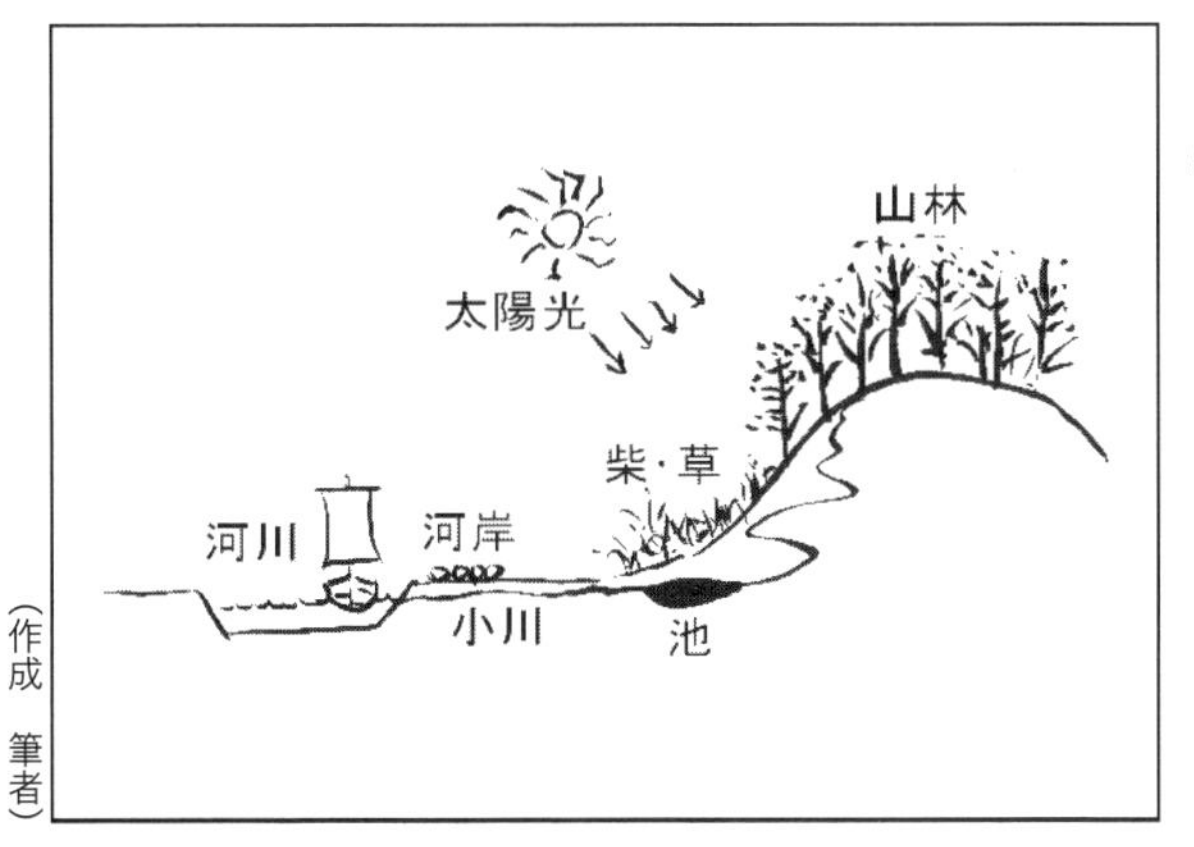

（作成　筆者）

衣類は古着屋という流通業がちゃんと成立していた。高価な振り袖も古着屋に廻った。江戸に古着屋は三九八七軒で、蕎麦屋は三七六三軒より多い。古道具屋も三六七二人いた。

修繕屋の種類も多かった。煙管を直す羅宇屋、錠前直し、桶のタガ屋、算盤直し、鍋釜の穴直しの鋳掛け屋、陶器の焼継屋、等々、様々なものが修理して再利用されていた。現代の使い捨てはなかったのだ（図表・52参照）。

徹底した紙再生システム

紙においては、和紙の原料三椏（みつまた）、「こうぞ」を斜面地で生産し消費していた。出版も盛んであった。紙屑は屑拾いによって拾われ問屋に集められ、洗って煮返して再生紙として利用した。

浅草の山谷から足立区あたりで農家の副業としておこなわれていた。それは「浅草紙」と呼ばれた。昭和の初めころは「浅草紙」が便所の落し紙として利用されていた。江戸時代庶民の家では紙は使えなかった。だから紙や布の混じらない屎尿で便利で

図表・52：江戸の行商人

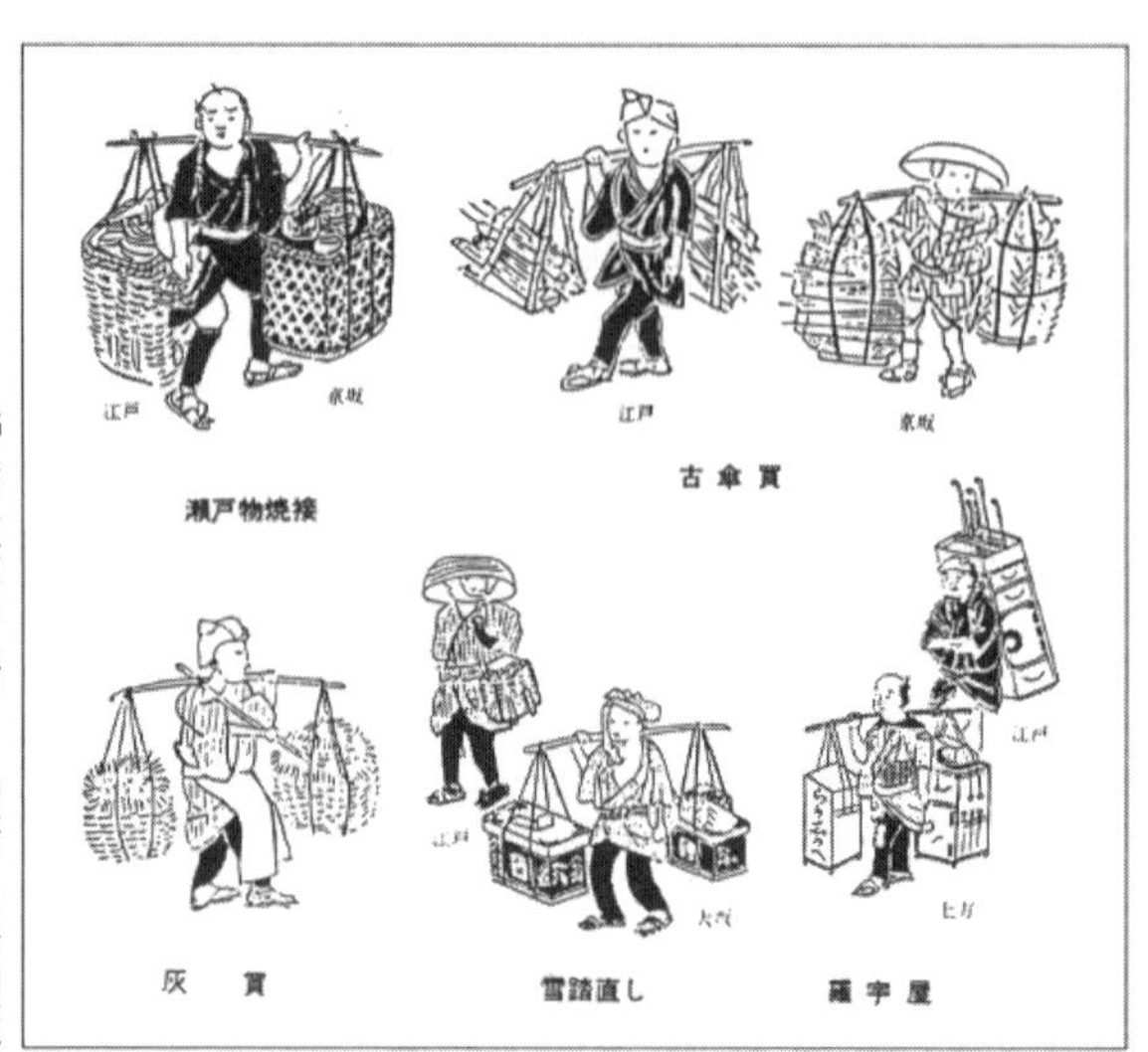

（『江戸東京まちづくり物語』田村明著）

あった。

完全分別収集システム

江戸では完全分別収集システムが機能していた。蠟燭のくずを拾い集めて、再生する商売もあった。つい最近の東京でもあったが、「もくひろい」が煙草のかけらを拾い集めて、巻き直していた。古鉄買い、古傘屋、かまどの灰の灰買があった、灰をカリ肥料とした。草鞋や馬の沓までも拾い集めた。

どうしても出てくる塵芥は埋め立てに使用した。初めは深川の湿地帯永代島であった。その後木場、砂町、東陽町、越中島などに拡大していった。

一一．陰陽学の京都・奈良

陰陽学は中国の考え方である。京都の平安京は唐の長安にならったその理論に基づいてつくられている。理想は「四神相応の地形」にある。四神とは東西南北の神をさす。平安京では東に「青竜」の神がやどる賀茂川。南に「朱雀」の神がやどる巨椋池（おぐらいけ）。西に「白

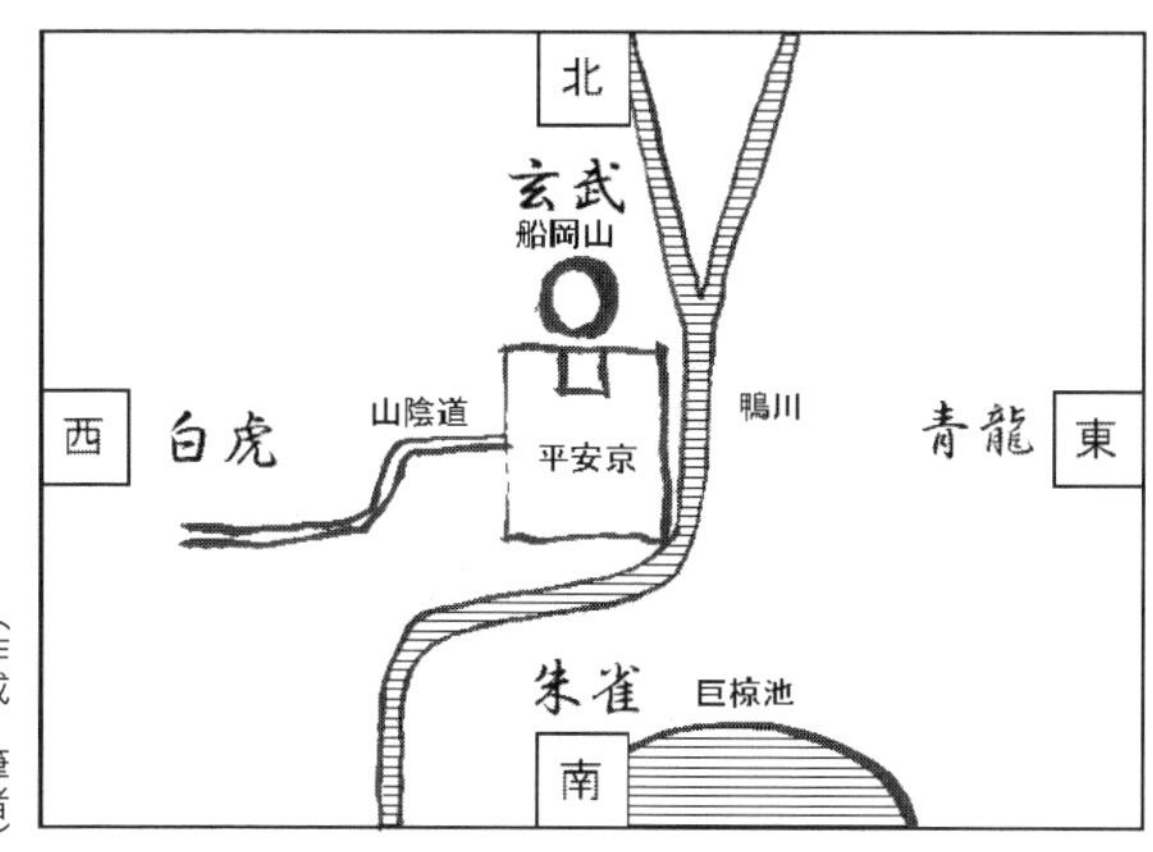

図表・53：平安京と四神相応の地形

（作成　筆者）

虎」の神がやどる山陰道。北に「玄武」の神がやどる船岡山があてられていた（図表・53参照）。なんと賀茂川（鴨川）は都域の外へ移動されていたのである。

現在、巨椋池は宇治あたりにあったが、埋め立てられてない。当時、平城京から遷都されて恭仁京（くにきょう）や長岡京と短期間の都が続いた。そこでやっと落ち着いたのが平安京であった。

それには理由があった。科学的に合理性があった。北に山があるということは南斜面であるということだ。北が高くて南が低い。飲料水になる賀茂川と桂川が北から南へ流れている。その末端に屎尿を処理できる巨椋池があったから成立していた。このシステムは京都が長く続く都であった理由だ。四神相応の地形とはそういう意味を持っていたのだ。他の都ではそういう機能をもったところはない。文字通りに解釈するのではなく、その意味するところを悟る必要があったといえる。

これはあまり知られていないが、平安京の鬼門には比叡山延暦寺があり、裏鬼門には大原野神社や桂離宮などが存在する。鬼門とは鬼が入ってくる線であり、そこに守護神を置くのである。結果としては天皇の権力が復活したのだから、この効果はあったかも知れない。

また筆者の研究によって、飛鳥時代から、陰陽の二元論の論理によって都市が造られていることが判明した。このことによって、今後、日本最古の歴史書『日本書紀』に関する疑問点が整理されると思われる。

平城京や平安京など古代の都市では陰陽学によって都市をつくる場所が決められていた。江戸も同じ考え方であったが、西洋の都市も参考にされている。古代都市では格子状の道路配置であるが江戸では放射状となっている。それは西洋の情報が入ってきていたのであろう。既存の道路があったと思われる江戸では、放射状の方が合理的であった。

一二、ローマに見る都市の原則

ローマの風景

都市の形態を読み取ると、テベレ川の存在が大きい。やはり川が存在する。七つの丘（パラティーノ、カピトリーノ、クィリナーレ、ビミナーレ、エスクィリーノ、チュリオ、アベンティーノ）に住居が立ち並んだところが出発点であった。その後、政治の中心フォロ・ロマーノができ、城壁が建造され、何本かの水道橋が建造され、水道が完備されて人口集中が起きた。コロッセオ、パンテオン、カラカッラ浴場、大戦車競技場などがランドマークとして配置されている。

ローマ街道

紀元前三一二年サムニウム人との戦いで、軍隊のすばやい移動のため舗装した街道を建設した。これがアッピア街道である。延長二一一キロ幅六メートルであった。その後も領土が拡大するにつれて各地に建設され「すべての道はローマに通ずる」とまで言われ

図表・54：ローマの水道橋

（『CG世界遺産古代ローマ』双葉社）

た。構造は下から砕石、砕石と石灰、レンガ屑や石灰、平らに切った斑岩というものであった。石灰はものとものをつなぐ役目をしている。街道は拡大した領土の管理と物資の移動に不可欠であった。総延長は八万五千キロにもなった。街道は都市の条件である。

水道システム

アッピア街道と同様アッピウス・クラディウスの提案によって、ローマ初の水道が紀元前三一二年に完成した。ローマ東部の泉を水源とするアッピア水道である。総距離一七キロで凝灰岩（ぎょうかいがん）の水路は地下に埋められ、街の各地には鉛の管で水を供給した。紀元前一四四年に完成したマルキア水道はアーチ橋の上を通った。古代ローマ帝国史で見ると水道は全部で一一本であった。分水場で不純物を除去して、街のいたるところの噴水から常に水が吹出していたという。水道も都市の条件である（図表・54参照）。

図表・55：コロッセオ
（『CG世界遺産古代ローマ』双葉社　CG製作　後藤克典）

巨大建造物の時代

皇帝ウェスパシアヌス（在位六九〜七九年）はコロッセオの建設に乗り出した。五万人を収容でき、石灰岩で化粧された豪華なものであった（図表・55参照）。皇帝トラヤヌスの時代紀元一世紀後半から二世紀前半がローマ帝国最大の領土を獲得した時代であった。

巨大建造物を可能にしたのはローマン・コンクリートと呼ばれる材料の開発であった。石灰に火山灰を混合したもので、より接着力がました。パンティオンは紀元前二五年に創建されたが、火災で消失した。その後皇帝ハドリアヌスによって再建された。直径四三メートルの球がすっぽり入る巨大な内部空間をもつ、内部の床や壁は世界中の大理石をちりばめたデザインとなっている（図表・56参照）。

皇帝カラカッラの時代にはカラカッラの浴場が建設され、サウナや冷水プールなどを持つ、当時の最先端をいく建造物であった。

一三．パリに見る都市の景観

セーヌ川の存在

パリにとってセーヌ川の存在はとても大きい。景観もそうだが、パリの発生から川がからんでいる。現在でも観光の目玉としてもセーヌは役立っている。セーヌ川の側道の下に高速道路が仕込まれてい

図表・56：パンティオン
（撮影　筆者）

る。これもほとんど気が付かない。どこかの国と違って高速道路が川の景観を妨げることはない。さすが芸術の都といわれる所以である。政治家も官僚も芸術と美を理解するのだろう（図表・57参照）。

パリのグラン・プロジェ（大改造計画）

何世紀にわたりフランスの指導者はパリに巨大な公共建造物を建てる事によって、自らの名を不滅のものにしようとしてきた。グラン・プロジェ（大改造計画）と呼ばれる。

過去においても同様なことが行われている。エトワール広場ナポレオンの凱旋門はナポレオンが作らせたものである。シャンゼリゼ通りもこの時に設置された。都市軸も設定され、凱旋門というランドマークも建造された。

パリは近年改造を続けてきた。ミッテラン大統領のプロジェクトにはグラン・ルーブル（ルーブル美術館の改装）があった。ここではガラスのピラミッドの論争が巻き起こった。パリでは市民に計画を提示して議論をさせる。勝手に政治家がやるわけではない。

また、グラン・アルシェ（新凱旋門）をデ・ファンスに国際設計競技によって建てた（図表・58参照）。計画は一辺一〇五メートルの

図表・57：セーヌ川の景観

（撮影　筆者）

立法体を元にした形体のもので、直線のシャンゼリゼ通りから六度振った建物であった。一〇五メートルの意味はルーブル美術館の中庭の大きさであり、六度振ったのもルーブル美術館が元々シャンゼリゼ通りに対して六度の角度がついていたことを表現したものであった。

ルーブル美術館とグラン・アルシェはシャンゼリゼ通りの出発点と終着点の関係であるから、このような計画をグラン・アルシェに施したのである。これはパリっ子の心を動かした。このような秘密めいた話はパリのエスプリに相応しい。（図表・59参照）

その他にも建造されている。バスティーユ広場には「第二オペラ劇場」をやはり国際設計競技によって建てた。フランス国立図書館も同様だ。鉄道駅を改装してオルセ美術館もつくられた。

これより以前、ポンピドーセンターも未来の建築でパリに姿を現した。これも大統領のプロジェクトであった。このあたりの話は『パリの奇跡』（松葉一清著、講談社現代新書）に詳しい。

パリ初期の歴史

紀元前三世紀にパリシイ（Parisi 舟を操る人という意味）と呼ばれ

図表・58：シャンゼリゼ通りより凱旋門とグラン・アルシェを見る

（『パリの奇跡』松葉一清著）

るケルト系ガリア人の部族が現在のシテ島に編み枝に泥壁を塗り込んだ家を建てて住み、漁業と交易に従事するようになった。その後ガリア人とローマ人が争ったが、紀元前五二年にジュリアス・シーザーがヴェルケンゲトリスクに率いられたケルトの反乱を鎮圧してこの戦いに終止符を打ち、この地方を支配するようになった。

セーヌ川の中州にできた集落ルテチア（Lutetiaラテン語で水に囲まれた家）がローマ人の街として栄え、紀元三世紀にはおよそ一万人がそこに住んでいた。現在ノートルダム大聖堂がある場所にユピテルの神殿がたてられ、そのローマ人の街は川の南岸に向けて広がっていった。その中心となったのはサンジャック（St. Jacque）通り、モンス・ルテティウス（ラテン語でルテチアの丘）という丘の上にあった闘技場で、現在パンテオンが建っている。

紀元三世紀の半ば頃に始まった民族大移動により、東からフランク族、ついでアレマン族が進入してきて、南岸の居住地区を焼き払い、街を略奪した。住人たちはシテ島に逃げ込み、石壁の要塞を築いた。紀元二世紀初めにはキリスト教が伝わり島の西側に最初の教会が建てられた。

紀元二一二年から続いたローマの支配は五世紀末にフランク族と

図表・59：パリの都市軸（六度の秘密）

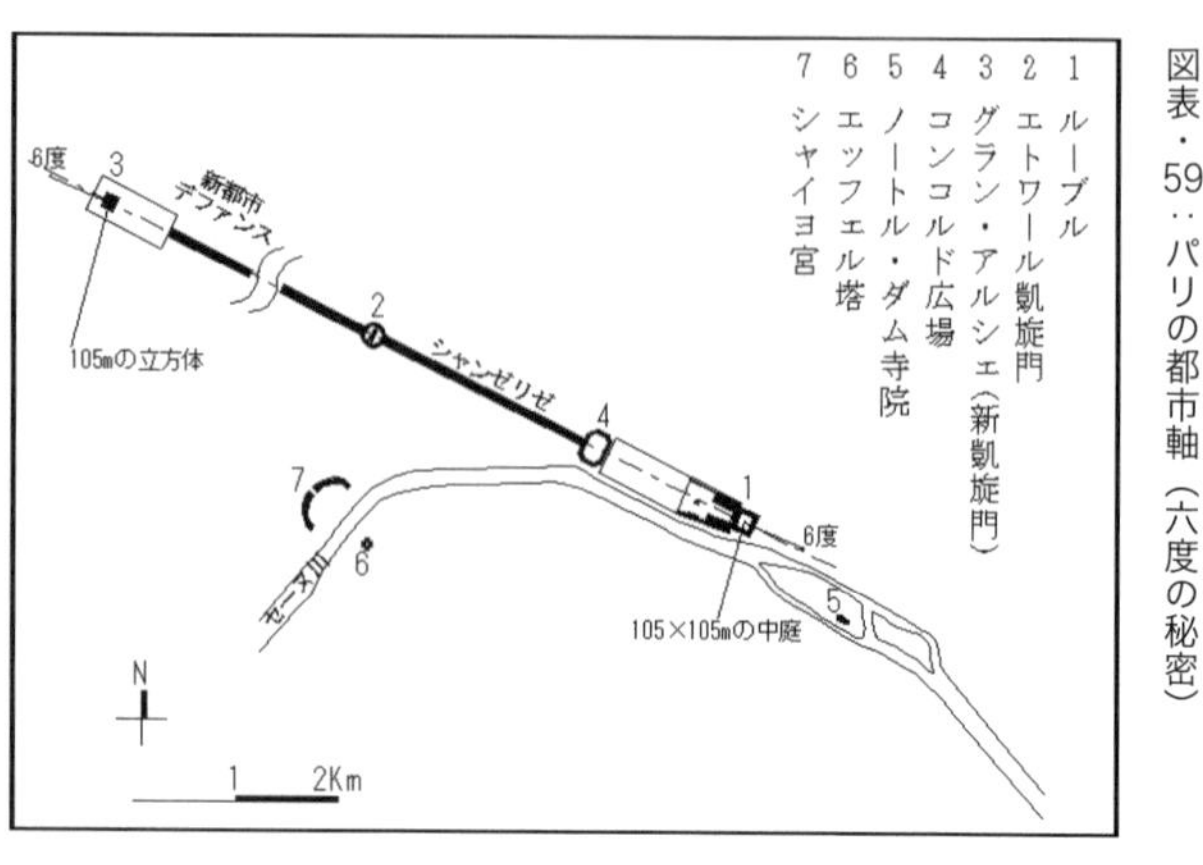

（作成　筆者）

他のゲルマン部族が再び北と北東から侵入してきて領土を占領したことで終わりを告げた。五〇八年に首都となった。

その後、カロリング王朝の歴代の王は東方の戦いに終始していた。八〇〇年頃ドイツに首都を移転したためパリは衰退の一途をたどり、バイキングの侵略に苦しめられていた。

紀元九八七年カロリング王朝の内紛で諸侯パリ伯たちはユーグ・カペーをフランス国王に選び、フランス王国を立て、パリを首都とした。その後八〇〇年にわたりカペー王朝の支配の下で政治、商業、貿易、宗教、文化の中心地として栄えた。

中世のパリ
居住地はシテ島に集中し、川の左岸は牧草地、ブドウ畑が広がり、川の右岸のマレ地区は（marais はフランス語で沼）ジメジメした湿地であった。一一六三年、ノートルダム大聖堂の建築が始まり、十四世紀半ばに大部分が完成した。長さ一三〇メートル、高さ三五メートルで六千人収容出来る。ゴシック建築でステンドグラスのバラ窓が有名である。（図表・60参照）
近くにある一二四八年に建てられたサント・シャペルもゴシック

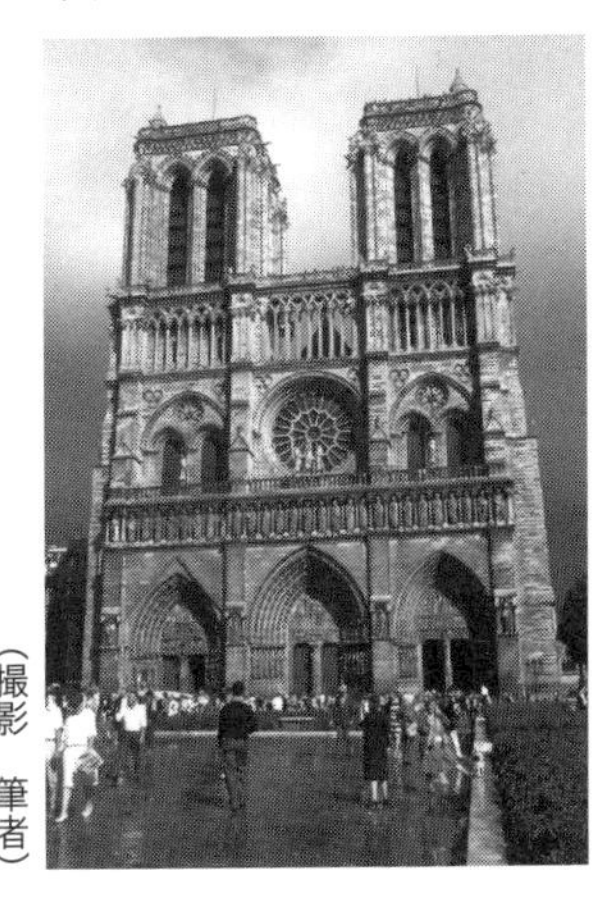
図表・60：ノートルダム大聖堂
（撮影　筆者）

図表・61：サント・シャペル
（撮影　筆者）

の最も美しい建築でステンドグラスも素晴らしい、必見である（図表・61参照）。パリの人口は二〇万人に達していた。

一四．コンパクトシティ

コンパクトシティの概念

国土交通省が二〇〇二年に提案した「大都市圏におけるコンパクトな都市構造のあり方に関する調査」についてはは持続可能な社会における都市像の模索であった。指針は安定的な経済成長の維持、地球温暖化防止のための二酸化炭素排出量の削減、生活の質の向上の三点であった。ここでは二酸化炭素排出量の削減として都市交通を問題にしている。自動車への依存度を減らすという方針を出している。つまり、自動車への依存度が増したので、中心市街地の空洞化が起こったという論調である。確かにその通りだろう。

しかし、前述の市街化調整地域の大規模団地化はやはり間違っていたと言わざるを得ない。市街化を調整する地域を市街としたのである。ハワードの田園都市を理想に世界中で衛星都市をつくってきた。それはまさにコンパクトシティであったのだ。中心部に商業文化施設、業務施設を持ったものであった。内容は変わらない。

地方自治体でもコンパクトシティへの動きがある。その提言は中心市街地の空洞化に対するものであって、国土交通省とはニュアンスが異なる。地方自治体ではドーナッツ現象によるシャッター通りが問題となっているのである。国土交通省は中心市街地活性化法、大規模小売店舗立地法を一九九八年に制定して、回復を図ったがほとんど機能していない。余力が市街地に残っていなかったのである。どんどん寂れるままだ。やはり、空洞化した中心市街地を元に戻すには、郊外に散った人を呼び戻すこと以外に、方法はないだろう。自動車への依存度が増したことが原因だけではない。この問題はコンパクトシティの概念からは外れると思う。後述の「まちづくり」の項で再度取り上げる。

新たなコンパクトシティ

やはり、コンパクトシティというコンセプトでは自動車依存度を減少するということが主眼であろう。交通を効率化してエネルギー消費を抑えることだ。それには大量輸送の都市交通は有利だ。適当な距離に駅を置きさえすればよい。大都市のほうが地方都市より、その点において有利となる。しかし、問題はもっと複雑であろう。公共交通機関、物流、業務、住居で消費するエネルギーを統合して、最小のエネルギーで最大の効果を上げる規模を想定する必要がある。

実際にはコンピュータを駆使したシュミュレーションによって最適規模が出されるべきであろう。使うすべてのエネルギーを想定して、消費の一番少ない規模、地域、地方が算出されるべきだ。化石燃料のないこれからの都市では、エネルギーを湯水のように使うわけには行くまい。最適規模の算定はもっとも最初に行う、最も必要な作業であろう。

一五．まちづくり

まちづくりと自治体

各自治体のホームページを見ると、必ず緑あふれる都市、安心安全なまちなどと「まちづくり」の目的が書いてある。それはそれで問題ないと思うが、実際にはシャッター通りをどのように再生していこうとか、そのまちならではの個別の問題として捉える必要があるのではないか。

まちは自然景観もそれぞれ異なる。しかし、周囲の景観を除くと、どこに行ってもあまり景色が変わらないように感じる。それは、どこにでもあるチェーン店、道路の造り方も皆同じ、建物の形態も同じだ。これでは地域の特徴はなにもない。道路や都市計画は自治体の仕事だ。役人にとっては、どこも変わらないようにするのが役目のように感じる。確かにどこにでもあるチェーン店の方が問題だと言うこともある。またそれを役人は阻止できるわけではない。隣町と異なることをする必然性はない。という論理だろう。

まちづくりの本質

確かにいろいろ言い訳はあるだろうが、地域というのは住民の愛着がなければよくならないだろうと思う。そして、地域と言うのは個性的だ。まず自然の景観が異なる。川や山があったり、起伏があったり、生産される産物も植生も異なるだろう。また、古代からの歴史も異なるだろう。建物のつくり方も異なっていたかも知れない。なにか違っているはずだ。住んでいる人間も長年のあいだには気質が異なってくる。「江戸っ子」はその最たるものだろう。

このように地域には、その地域の特徴と個性がある。それを生かすのが「まちづくり」と考える。前述のシャッター通りをどのように再生するのかでも、その地域の事情が少しずつ違っているであろう。基本はドーナッツ現象によって人口が中心市街地から郊外に離れていったものを呼び戻すことだが、その手法は中心市街地に住居を作るだけではだめだろう。やはりそこにアイデアが必要だ。その地域でしか使えないアイデアをだすのは、雇われ役人ではなく、地域の住民だろう。彼らしかその地域に愛着と愛情をもっていないからだ。その事例を紹介する。

小樽運河

北海道の小樽の話である。もう小樽運河は歌謡曲でも有名だ。それは再開発が成功したから、観光地として有名になり、歌にもなったのである。しかし、このようになる以前のことであった。役所はこの運河を埋め立てるという方針を立てたのだ。なぜなら、使われなくなった運河は臭くて、無用の長物であった。運河は一九二三年に造られ、樺太との舟運で盛んだった小樽の港には石造の倉庫が立ち並んでいた。沖の大型船から「はしけ」で倉庫に運ぶには運河が

図表・62：以前の小樽運河

（小樽市役所HP）

必要だった。それが戦後、占領された樺太との連絡がなくなって運河の役目は終わった。水の動かなくなった運河は異臭を放つようになってしまったのである。(図表・62参照)

役所は運河を埋め立てて産業道路を通す計画を立てた。これに市民の反対運動が起きた。反対運動は立場の違う人もいて困難を極めたという。役所も計画を翻すことはなかったが、一九八三年最後は運河の半分を埋め立て、歩行者プロムナードをつくることで決着した。これは画期的だった。道路ではなく歩行者プロムナードだったことだ。これによって石造倉庫も保存され、再生されて現在の雰囲気となったのである(図表・63参照)。一九九六年都市景観賞を受賞した。

当時アメリカも港湾の再生を図っていた。日本と同じ理由だ。舟運からトラック輸送になったのだ。筆者も一九七六年にアメリカのこの状況を見ている。これはウォーター・フロントの開発と言って、今でも港湾都市に限らず、都市再生のひとつの手法となっている。

図表・63：現在の小樽運河

(小樽市役所HP)

柳川掘割

福岡県柳川の話である。戦国時代、領主蒲生鑑盛(あきもり)によって城の周囲に掘割が設けられた。その後、掘割は上水道、農業用水、水運に使われたが、近世になって配管による水道が整備され、輸送もトラックに変わられて、掘割の役目は終わったのである。

　これは全国共通の話であった。河川は上下水道が完備されるにつれて役目が終わったのである。この掘割は整備もされず放置され、異臭を放つようになった。一九七七年、車も増えたので掘割を埋めて道路にしようと市も決定を下した。しかし、市の埋め立ての担当者、下水道係長であった広松伝（つたえ）はこの決定に疑問を抱いた。もともとこの掘割を汚したのは住民自身である。以前恩恵を受けていたことも確かだ。それならば住民の力で、もう一度再生できるはずだということで、埋め立て計画を延期してしまったのである。市長に対する広松伝の研究・啓蒙運動が効を奏したと言われている。（図表・64参照）

　一九七八年河川浄化計画が実施され、排水規制、掘割の清掃によって蘇り、地元住民の力もあって、現在のように観光名所として再生されたのであった。広松伝は市役所では鼻つまみ者との評価であった。国の補助金がついた事業を止めてしまったことは大変なことであったが、そのくらいでないと出来なかったことであろうと推

図表・64：柳川掘割

（柳川市ＨＰ）

測できる。

九重「夢」大吊橋

大分県九重町、人口一万一千人の山間のよくある町に起こったことである。今から五〇年前一人の若者が思いついたアイデアから始まった。落差八〇メートルの「震動の滝」と紅葉は売り物になる。「谷に吊り橋を架けりゃあ、谷も紅葉もきれいに見えるぞ」と町内会の会合でこんな言葉を口にした。どうしたら観光客を誘致できるか思案中のことだったが、その時は長老たちに一蹴された。「お前、ねぼけとるんじゃないか。誰が金出すんじゃ」

その後三〇年、吊り橋の話を知った若者達が町に要望して、一九九三年観光振興計画に組み込まれたのである。建設費二〇億円、この九割は地域再生事業債の借金をして造った。かなりの賭けだったが、二〇〇六年一〇月開通した。標高七七七メートル、高さ一七三メートル、長さ三九〇メートル。年間三〇万人来て、一人二百円から五百円の入場料ならば借金は返せる皮算用だったが、開通二四日で三〇万人が来場してしまったのである。入場者は既に四〇〇万人に達し（二〇〇八年現在）、借金は二〇〇八年で返し終えた。町ではその余剰金で中学生以下の医療費を補助しているという。（図表・65参照）

この事例は、地元の自然環境を生かした最も単純なケースだが、この強さを他の町に当てはめてもうまくはいかない。やはり、役人主導ではなく、地元の住民のパワーがないとだめであろう。確かに、景色はよいが吊り橋を架けるだけで人が来るのかという疑問は沸くだろう。それは、地元民の底抜けに明るく、自分達の自然環境を愛する気持ちが後押ししている、と筆者は感じる。

以上、三つのケースを見てきたが、共にその地域の特徴をそのまま生かしたものであった。実際その場に来て、厄介者になった過去の遺産を保存するというのは勇気のいることである。なかなか、その判断を出来るものではない。また、地域の特徴を的確に判断できるものではない。その証拠に全国一律同じ景観のなかで日本人は過ごしているのではないか。これが通常に行われているまちづくりの実情である。

そうならないためには、勇気だけではない世界に向けた広い情報網と実行力が必要になる。それ以前に都市に対する深い知識がなければならない。運河や堀にはウォーターフロントの再生例というものがアメリカにあった。それがわが町に適応できるという判断は簡単にできるものではない。

環境再生に再起不能ということはないと心すべきだろう。早く着手すれば、早く完成する。建造物や植生は永久ではない。いつか壊れていき、再生は常に行われている。いつ気づき実行するかだけであろう。

ここで筆者の郷里についてこの場をかりて提案してみたい。まちの観光と環境再生に対して起死回生の一手となれば幸いである。

図表・65：九重「夢」大吊橋

（九重町ＨＰ）

一六. 郷里「富士」まちづくり提案

富士の風景

富士山の麓にひろがり、駿河湾に面したまちの話である。イメージとしては銭湯の壁画にあるような、まさに絵のような環境にある。と言いたいが実際は煙突の立ち並ぶ風景が先に目に飛び込んでくる。煙突がなければ、万葉集山部赤人の詠んだ「田子の浦ゆうち出でてみれば真白にそ富士の高嶺に雪は降りける」というイメージは正しい。

基本的にはそのような風光明媚なまちといえよう。山河のイメージは根本的なことで、それに付属して人間のつくったものは変化していくものである。

だが、煙突も特徴があるようだ、ヘクタールあたりの煙突の本数は日本一らしい。市役所の職員が「煙突のまち」ということでまちの特徴をアピールしようとしたが、時の首長の反対でつぶされた。なにかの特徴をつかんで宣伝することは悪いことではない。その職員の郷土に対する熱い気持ちも理解できる。愛着がまちを変えていくことはいろいろな例を見てわかってきた。それではその後富士のまちがなにか特徴をアピールできたかというと顕著な業績はないようにみえる。

「夢の浮島桜並木」計画

筆者は小学校生のころ商店街の先に大きな富士山を見ながら登校していた。なにかすがすがしいものがあった。たぶんそのことを誇りに感じていたのではないかと今は思う。一番の特徴は地域の風景である。その地域の風景をさらに生かしたい。

駿河湾から眺めると正面に富士山が見えて、右に愛鷹山、その麓には富士川の古代の流れ浮島沼が広がっている。左には富士川が山間から忽然と姿を現わして駿河湾にそそいでいる。浮島沼の古代の風景は駿河湾に面した現在よりひろがりのある湖沼だったと考えられる。現在でも島の字が付く地名が多い。山部赤人も仕方なく船で通過したと考えれば歌の内容も納得する。

その浮島沼には沼川が東から西に流れて田子の浦港にそそぎ、その沼川には愛鷹山から駿河湾に向かって、東から春山川、須津川、赤淵川、滝川、和田川など数本の川が合流している。それからさらに西に小潤井川、潤井川、早川、富士川と富士山の伏流水とみられる清流が駿河湾にそそいでいる。

新幹線で東京から名古屋方面に向かうと三島を過ぎて浮島沼にでると一気にあたりが開けてきて、その数本の川が見えてくる。そして右側に富士山を見ながら富士川の鉄橋を渡り、トンネルに入る。この風景を利用したい。

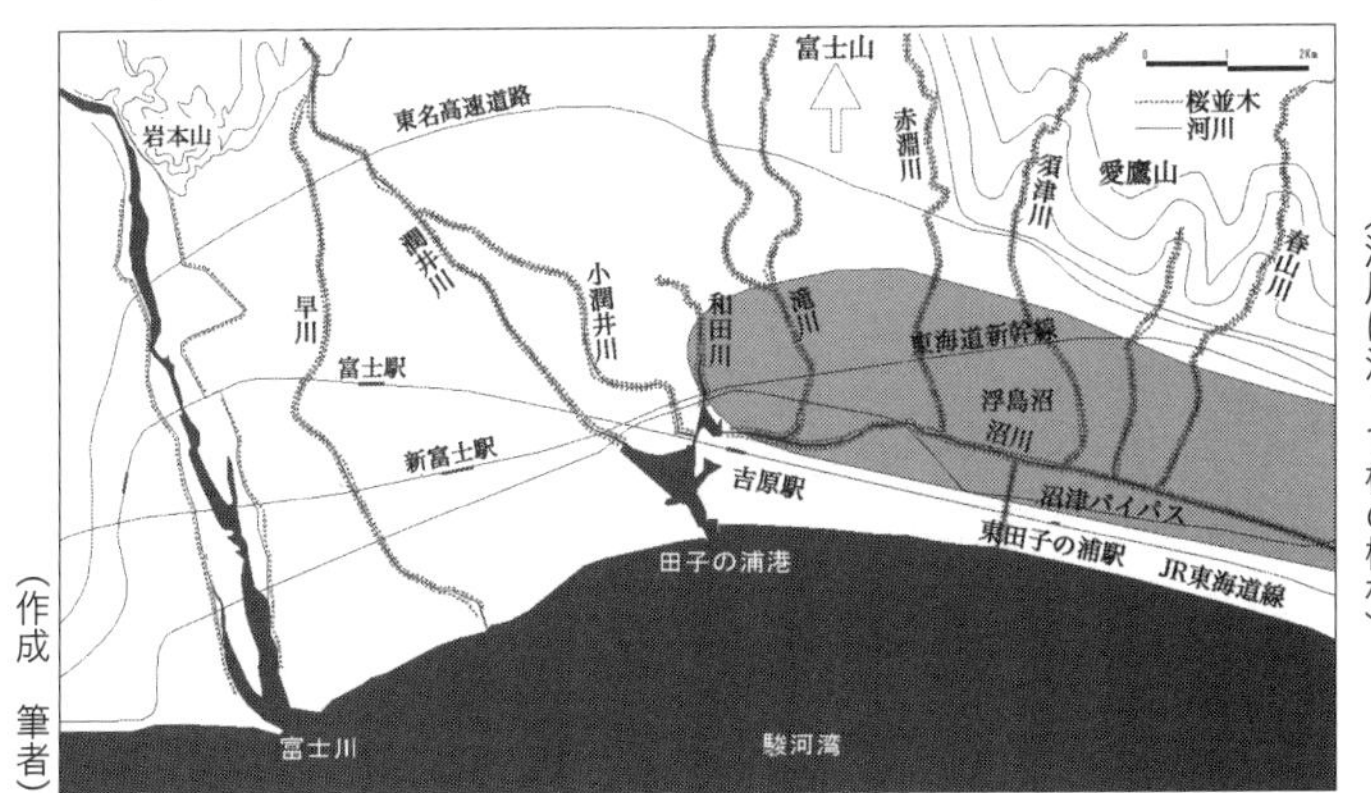

図表・66：夢の浮島桜並木計画（河川に沿って桜の植林）

（作成　筆者）

この川沿い全てに桜を植えたらどうか。桜並木を突っ切って走る新幹線の車窓からは歓声のあがる光景が目に浮かぶようだ。（図表・66）に計画イメージを示す。

また、それぞれの川の元は清流である。この地域の産業もその清流に頼ってきた。愛鷹山や富士山から湧き出でる水はきれいで、この川沿いはハイキングコースに相応しいと考える。その川のほとりや愛鷹山の麓には清流の庭ともいえるお寺の境内もあり、かぐや姫の伝説の場所もある。これからいろいろ考えて整備をして、それらをネットワーク化すればよいだろう。

季節にはその桜の川を幾筋も越えてゆく風景は富士山と相まって他にはないように思う。新幹線でただ通り過ぎるだけではなく、歩いてみようという人は出てくると思う。なにより地元民の自慢できるまちができるように思う。河川法があるようだが、地元民や企業の協力があれば実行可能と考えている。原風景にある山河のイメージを大切にしたい。

一七．これからの都市

発展途上国と先進国

環境問題の今後は二つの違った型がある、と産業技術総合研究所の中西準子教授が説いている。（図表・67）を参照して欲しい。ひとつは地域環境問題でもう一つは地球環境問題である。発展途上国は生存環境の整備に追われ、問題を引き起こす相手は自然の災害や都市、工業から発生する公害である。まさに、現在の中国を言い当てている。四川の地震、黄河断流、煤煙、排気ガスなどが思い当たる。

そして、今後の問題は未来環境であり、消費生活や今の人間総体が発する広域環境問題である。それは、水道水の汚染、環境水の農薬汚染、酸性雨、有機塩素化合物による海洋汚染等がある。地球の自然、生物種や気候や物理的な自然をどのようにして、次の世代に残すかという課題がある。（参考文献　中西準子著『水の環境戦略』岩波新書）

これらのほとんどが化石燃料の引き起こすものであろう。しかし、それを克服しても、水の汚染はなくならないかもしれない。ゴミの処理がどこまで出来るか、江戸においても最後に少量のゴミが残っていた。現代のゴミは化学物質となる。それが問題ではないかと危惧している。

また、現在かなりの量のゴミが山中に投棄されている。山肌を防水シートで覆った上にゴミを捨てている。これを掘り返さないといけなくなるだろう。なぜならシートは破れる、また五〇年程度しかもたないだろう。そこからもれた化学物質が地下水を汚染するだろう。もう汚染されている地域もあるようだ。

図表・67：発展途上国と先進国の環境問題（『水の環境戦略』）

タイプ	問題の表われ方	加害者
地域環境問題 （発展途上国型）	生存環境 公害	自然 都市、工業
地球環境問題 （先進国型）	広域環境 未来環境	消費生活 今の人間総体

環境と経済

環境問題は経済問題である。化石燃料を何時止めるのかということだ。最初に導入する装置は燃料電池にしても、太陽光発電装置にしても高価である。そのまま化石燃料を使ったほうがはるかに安価のときに、誰が高価なものを使用するだろうかという疑問が沸く。その答えがある。やはり前出の中西準子教授が説いている。

環境問題の解決は基本的に矛盾する事柄の調整の上に成り立つ。(図表・68)は、第一にその矛盾関係をはっきりさせて、解決策を探るべきだということを表わしている。

第Ⅰ象限―経済的な利益と環境保全とが一致するケースである。

第Ⅱ象限―環境を破壊しつつ経済的な利益を得る行為を示す。

第Ⅲ象限―環境を破壊し、経済的な損失を招く行為であるから、これはありえない。

第Ⅳ象限―環境を守るために経済的な支出をしなければならない行為。

持続的な発展は第Ⅰ象限のような生産や生活をすることである。

第Ⅰと第Ⅳ―先進国フェーズである。現実には第Ⅰ象限のような経済活動ばかりでは生きられない。第Ⅳは費用をかけて環境を保全する行為で、基本的には先進国の役割分担の領域といえる。

第Ⅰと第Ⅱは途上国フェーズであり、第Ⅱ象限は経済的な利益の為に環境が破壊される行為だがこれは途上国のみに許される。その場合Ⅱ2のように、環境破壊の度合に比べ経済効果の低い行為は許されない。(引用文献　中西準子著『水の環境戦略』岩波新書)

発展途上国と先進国との差を設けているが、歴史を見れば仕方ないだろう。それより先進国は実体のない金融に踊らされることなく、燃料電池や太陽電池を導入して行くことが大切である。そのことによって公害のない社会が生まれれば、発展途上国もそれに追随してくるはずである。食料を使わないバイオ燃料の生産装置も含めて燃料電池や太陽電池の生産は先進国の経済を支える柱となる。新しい車や家庭用発電機は日本の得意分野となるに違いない。

新しい日本をつくる

自然を大切にした国づくりが求められる。人や動物、生きとし生けるもの全ての生命を大切にした仏教の心のある国が考えられる。化石燃料ではなく、自然が生み出すエネルギーを利用する人々がいる世界である。日本では自然のあらゆるものに神がやどると考えられてきた。その自然に人類が生活するエネルギーが潜んでいたのである。

化石燃料は数億年をかけてつくられたものだが、消費したら終わりだ。循環するエネルギーは仏教で言う輪廻であろう。繰り返し再生できるエネルギーを発見し、そのエンジンを発明できるのは、その神や仏教を信じる日本の力が必ず必要であると確信しているし、

図表・68：環境と経済の関係図

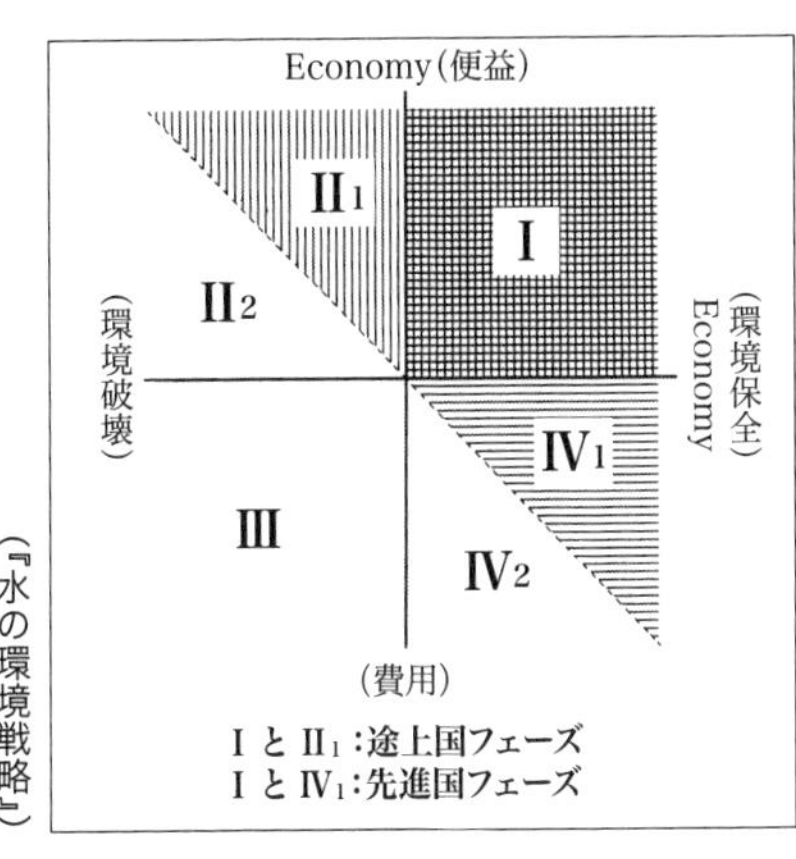

(『水の環境戦略』)

またそのように進んでいる。

都市においても、都市の景観を大切にして、まちづくりを進めて欲しい。日本の豊富な水エネルギーをつかって、農業の生産を拡大し、林業、漁業を復活していかなければならない。その仕事に従事する人を現在の数倍にしていく必要があるだろう。それによって食料自給率を一〇〇パーセント以上にして、輸出していく責務が水の豊富な国に課せられることになるだろう。

一八.「明日の庭園都市」の理念

二十一世紀・京都の未来から庭園都市へ

一九九八年京都市で五〇年から一〇〇年先の京都はどうあったらよいかを問う国際設計コンクールが行われた。同時に環境問題の国際会議が開かれ、いわゆる京都議定書が発効された年であった。筆者もこの国際設計コンクールに参加して、千数百の参加者の中から選ばれて入賞した。その論文を紹介しておきたい。既にかなり述べてきているので、最後の部分に絞っておく。

論文の根本には、あるスタンスを持っていた。前述するように、筆者は静岡県富士市の出身である。富士のまちは太平洋の駿河湾に面し、北に富士山の雄姿をいだく、温暖なまちである。産業は製紙工場主体から車関係などの多種業種の工業都市に変身して来ている。しかし、一九六〇年代は公害で川も海もひどく汚染されていた。その公害をなんとか、道なかばであるが、克服してきたまちである。

素地はいいが人間によって汚染されたまちと古都の歴史をもつ京都を同列に並べて、再生する方法は何かと思考したのである。京都のよさは当然ある。歴史や自然、それは伸ばせばよい。しかし、人間が暮らすことによる公害の発生は京都においても富士と同じである。

そのようなことを考えた結果、両者に共通なテーマを作った。山河を含めた自然環境に愛着を抱くことと、自給自足のエネルギーをつくること。また、ゼロ・エミッションによるゴミの削減であった。確かに京都はこれだけでは不足であろう。そこで、公園の地下にゴミ分別場とエネルギーセンター、自動車の駐車場を設けたハイブリッドな都市公園（ハイブリッド・パーク）を中心とした都市計画を提案した。

また歴史の遺跡群をめぐる「山辺のみち」「川辺のみち」を設置してハイブリッド・パークと結び、インターネット上の「京都スクール」を立ち上げて観光や学習に寄与するシステムを提案している。

そしてこれらのイメージを総合して、あらゆる都市に対する提案として、今回新たに「庭園都市」と命名した。以下にその論文を掲載して、これからの都市の解答としたい。（図表・69、70参照）

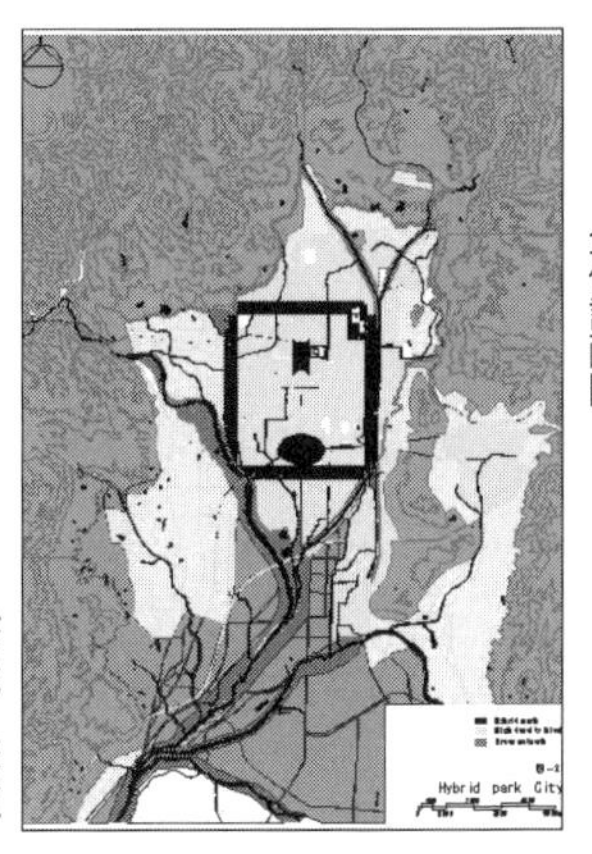

図表・69：京都ハイブリッド・パークシティ全体計画図

（作成　筆者）

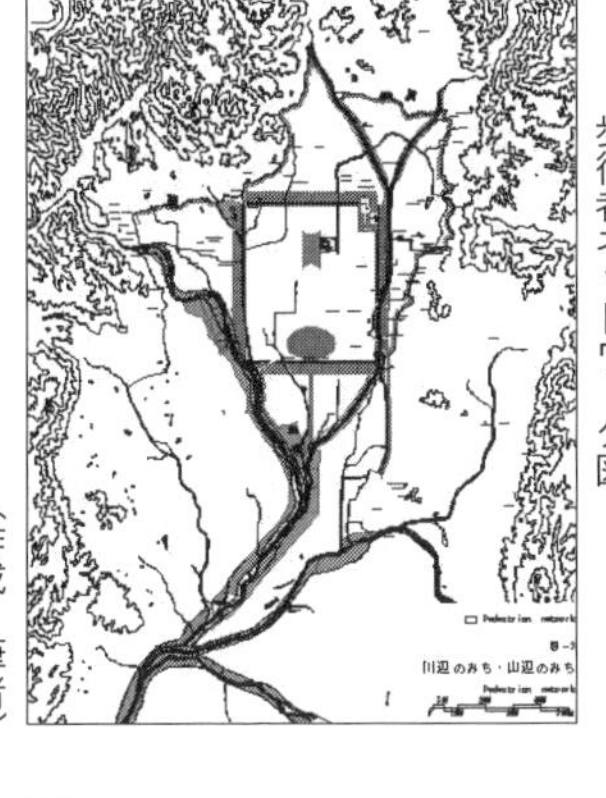

図表・70：京都ハイブリッド・パークシティ歩行者ネットワーク図

（作成　筆者）

愛すべき地域、国土、地球環境を築く──「ゼロ・エミッション都市」

○京都の美再発見──水の都

「二一世紀京都の未来」とは「京都が都市として生まれる以前からもっている潜在的な力を生かした都市として甦る」ことである。

地球上、日本列島本州のほぼ中央、温帯モンスーン気候で四季のある地、かつては断層によって陥没した湖底、桂川と賀茂川に代表される水の豊富な平坦地、山紫水明の地として理想的ともいえるこの環境を生かすことがキーポイントである。それは平安遷都以前の山と川の織りなす空間を生かすことであり、この空間構成が最も基本的な京都への愛着であり、地域に対するアイデンティティの根本と考えている。

この空間構成と共に、「水」の存在がその連続性によって都市のイメージを一体感のあるものにしている。平安京として遷都されたころから京都の名所神泉苑（しんせんえん）（ひぜんさん）の存在といい、平安遷都の賀茂川治水工事、安土桃山時代の高瀬川掘削による舟運、明治時代のインクラインの発電等歴史の大転換の時に必ず「水」が関係している。

二十一世紀の未来もこの山々と川の流れのなかに答えがあるのではないだろうか。その証拠に現在に至る高瀬川周辺の地域の発達がある、桂川ではなく賀茂川と合体した高瀬川周辺の空間のスケール感の違いが発展の差の要因であるなど、歴史に学び、京都の持つ「水」と親しむ空間環境を「ハイブリッド・パーク」に取り入れた「水の都・京都」を提案する。それは地域に対する愛情なくしてはなにも始まらないという二十一世紀の地球再生の基本である。

○ゼロ・エミッション（廃棄物ゼロ）都市をめざす

科学の進歩は自然に反した二十世紀をバブルの時代として総括した。劣化した地球環境の再生の基本コンセプトに国連大学が提唱する「ゼロ・エミッション」を据えたい。

人類の活動には様々な廃棄物が発生してきたが、これによればある企業の廃棄物が隣接企業の原材料になるという高効率で連環性のあるシステムである。インプットとアウトプットを等しくするというコンセプトのもとで、廃棄物ゼロという新しい技術と産業を起こして地球を救い、雇用を創出し、人類をさらに活性化させることが可能である。

具体的には、廃棄物の処理が高コストになって来ている現状は企業の収益を圧迫しその企業の浮沈にかかわるところまできているので、廃棄物ゼロは企業収益を増すという発想であって、関連する企業群を集合して処理システムを構築するものである。都市においては、ゴミ行政のシステムを変更して、焼却場や廃棄物処理場ではなく、ゴミや廃棄物の分別場を考える必要が出てくる。もはや焼却場の煙突はいらない。

また、都市の中に直接持ち込むことのできる新エネルギーとして太陽光発電、ごみ発電、燃料電池発電等の工場を設置して資源と廃棄物の循環系を成立させる必要があるだろう。これらは「ハイブリッド・パーク」の複合的な施設のひとつとして用意される。

○交通の沈静化

現在世界の大都市では車交通の過剰による環境悪化や安全性で悩んでいる、それは化石燃料の減少問題と共に、二酸化炭素の削減に関して電気自動車に移行しつつあるが、それ以前に都市を人間に取り戻す必要がある。

二十世紀に発達した現在の都市は車主体の街路で都市計画が施されているが、これからの都市はヒューマンスケールの観点で計画されねばならない。それは車主体の街路と共存する部分もあるが、主要な部分は「ハイブリッド・パーク」のネットワークによって遊歩道として計画されるべきで、この目的は「ハイブリッド・パーク」の複合的な施設のひとつとして主要ポイントに駐車場を大量に設けて都市内の交通量を抑制することである。

京都は本来ヒューマンスケールで都市計画が施されているわけで、「ハイブリッド・パーク」の平安京フレームの復活はアイデンティティを生み、またヒューマンスケールの都市として大きな価値を生み出すであろう。

○行政の改革と移転

日本の行政改革で成功した例は歴史上全て遷都したときであることに習うわけではないが、今回の都市の改造にあたり、シティホールやその他施設は位置とその提供するサービスを全て再考する機会であり、ここでは現状の発展バランスからと高速道路と新幹線に挟まれた利便性から、シティホールを含めた業務施設の九条通りより南の地域へ移転を提案する。また、京都市の運営する全ての芸術文化施設は「ハイブリッド・パーク」上に存在することによって、パフォーマンスや意外性また刺激ある都市とすることができる。

都市形態の再構築――「ハイブリッド・パーク・シティ」

○ハイブリッド・パーク

ここで都市における新しい公園のあり方を提案する。これは全ての都市に共通するものであって単なる植物と広場のある公園ではなく、複合化された巨大な一種の装置として提案する。当然畑や菜園などもある緑あふれる場所であると共に、新エネルギー工場とゼロ・エミッションの連鎖をもった廃棄物分別や処理の工場があり、大規模駐車場といった交通の中継基地であり、人間の活動する様々なスペースを併せ持ってもいる。

これは今までの都市計画の理論を覆すものであるが、今までの地球上の二元化された都市と公園の関係ではない、もっと人間の生に関係した快楽やパフォーマンスの刺激が得られる空間として複合化された可変で巨大な建築的装置として提案する。（図表・71参照）

「ハイブリッド・パーク」の具体的な構成は立体的で、緑地ゾーンの下部に廃棄物分別や処理の工場、大規模駐車場、新エネルギー工場、上部には部分的に住居や芸術文化施設などを配置する。

京都においては「平安京フレーム」の輪郭に沿って「ハイブリッド・パーク」を配置することによって、環境問題を解決し、「水の

図表・71：ハイブリッド・パークの概念図

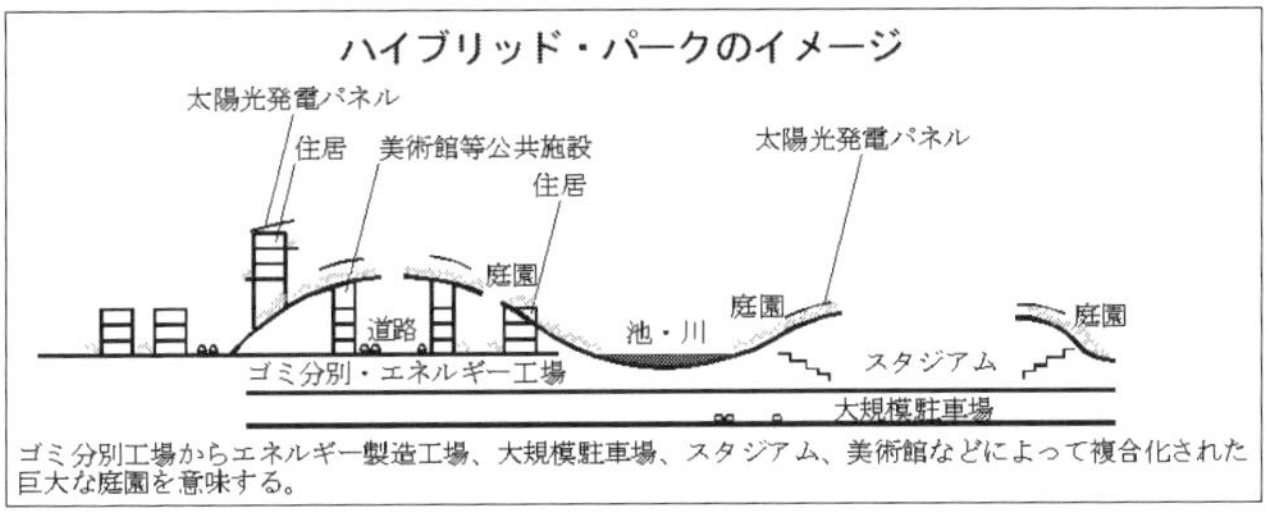

ゴミ分別工場からエネルギー製造工場、大規模駐車場、スタジアム、美術館などによって複合化された巨大な庭園を意味する。

（作成　筆者）

都」と融合させ、交通の沈静化を図って街路を人間に取り戻し、ヒューマンスケールを回復して、都市の歴史的な文脈に一致させ、周辺を自然に囲まれた都市における緑の二重環のイメージとして一体化させることができる。

○平安京フレーム

平安京の外側の輪郭を重層する都市のイメージとして川や池といった「水」の形態で示す。また、これは「水の都」として親水空間を拡大することと、歴史の蓄積のイメージをオーバーラップさせた提案であって、賀茂川や天神川が「平安京フレーム」の近くに存在することも丁度よい。「平安京フレーム」のスケールは昔もそうであったようにヒューマンスケールの都市を実感として認識する尺度として設ける。「ハイブリッド・パーク」と合体して、車交通の沈静化に伴い街路を人間に取り戻す装置として、また周辺の山々までの距離感を身近なものとする尺度となるであろう。

○都市の丘

現在の京都はＪＲの高架線路によって視覚的に南北に二分されている。特に山陰線の分岐点は平安京のフレームの中心軸に位置して、ヒューマンスケールや都市の一体感のイメージからは異質なものとなっている。したがって、その部分を緑に覆われた丘状の構築物で被うことを提案する。それによって地面が連続して南北が一体となり、視覚的にも丘が中心軸上に存在して平安京のフレームの中の特別な地点となる。そこには南北を繋ぐ横断道路や歩道、駐車場といった施設が内蔵され、頂上には展望台が設けられる。

○「山辺のみち」「水辺のみち」

北・東・西の山のふもと標高百メートル前後のところに歴史的な遺構や神社仏閣が点在していると同時に桂川や賀茂川、高瀬川に代表される川沿いにも歴史的なものが絡んでいる。この特徴を生かし「山辺のみち」は標高百メートル前後のところを横に連続させ、「水辺のみち」は川の流れに添って縦に連続させて、歩行者と自転車専用の遊歩道として整備し、ヒューマンスケールを都市全体に波及させ、遊歩道を辿ることによって、山々とその山々から流れ出る河川の連続した一体感のある空間として京都を認識でき、じっくりとその良さを地元の人間も観光客も味わえる空間構成を提案する。

特に遊歩道のあり方は植生にも注意し、景観にも配慮しなければならないだろう。訪れる人の為には中継所がいるだろう。そこでは自転車を乗り捨てる事ができ、映像やパソコンあるいはボランティアによる詳細な説明を得ることができる。会議室や小さな多目的ホールがあれば地元の集会所としても利用できる。景観に溶け込んだ建築とする必要があるだろう。当然施設の全てのエネルギーによってまかなわれる。

○新しい都市形態のイメージ

新しい都市は再生可能なエネルギーを使い、廃棄物をゼロにして、アイデンティティのある、ヒューマンスケールの刺激的で快適な都市であろうとしている。

その都市は基本的には何らかの方法で全体の空間を囲い込むことによって一体感やアイデンティティを獲得している。そしてその囲みの表面の連続がその都市のイメージとなっている。そこでは連続している「みち」や「公園」の表面をきわめてディテール豊かな「室」に構成することによって、この都市の形態はパリの多極放射状型や長安の城塞で囲われた格子状型のどちらの長所も抱合することが可能である。

京都においては、囲い込む形態として自然の山並みと今回提案した「平安京フレーム」「ハイブリッド・パーク」「都市の丘」「川辺のみち 山辺のみち」といった形態をイメージしている。それはアーバンスケールの自然も含んだ巨大建築になっている。「山辺のみち」は都市全体を囲い込むと同時に「川辺のみち」によって中央を貫いており、「平安京フレーム」は自然の山並みの内側の二重環の形態をしている。

以上「平安京フレーム」「ハイブリッド・パーク」「都市の丘」「川辺のみち 山辺のみち」を全て抱合した概念である「ハイブリッド・パーク・シティ」を新しい京都の都市形態のイメージとして提案する。

都市の魅力の情報発信──「京都スクール」
○時間と空間の中の学校
京都あるいは人間に蓄積された歴史、哲学、宗教、文学、科学、産業、建築、遺跡等、様々な事の大部分が「この山々と川の流れ」の周辺に点在し、また書き記されている。この人類の資源である「ものと知の蓄積」や先端技術を駆使したハイブリッド・パークなど、都市全体が教科書として学び見学できる、地球の学校ともいうべき「京都スクール」を提案する。

それはこの山々の麓と川の流れにそった遊歩道上とハイブリッド・パーク上に展開していく学校である。「山辺のみち」「水辺のみち」に沿って、それにふさわしい現在存在する事物を利用した生の教材と生の人間の係わった形態のない「時間と空間の中の学校」とする。

実際には「山辺のみち」「水辺のみち」「ハイブリッド・パーク」をネットワーク化して講義の場所とし

て現存する遺構や中継所を利用する。また中継所ではパソコン上で説明の種類や場所等、様々な情報が得られ、その中継所を特定化して、そこにいくことによって、初めて生の人間から深い知識が手に入るようにする。特に必要な場合は大学などを利用した哲学や文学のカリキュラムに分化した高度な特別講義から、観光的なものまでありとあらゆる組み合わせが考えられるサービスを提供する。

これによって居住している人や訪れる人にとって、さらに愛着のある「京都」が生まれる。また、その蓄積によって、さらなる都市の変化が期待できる。

以上が京都に対する提出案の文章であるが、他の都市においても応用可能と考えている。インターネット上の京都スクール案等が京都ならではのものだが、エネルギー工場と駐車場を地下に持つ「庭園都市（ハイブリッド・パーク）」の考えは他のまちでも使えるだろう。

第Ⅲ章　これからの住居

一・新しいエネルギーと住居

これからの住居

二十一世紀は変化の時代となる。それはエネルギーの変化が大きいと思われる。地球の化石燃料の枯渇、ゴミの増加、地球温暖化など人類が生存することが可能かどうかも疑わしい。産業革命以来の地球をよごしたツケがまわってきた。これからはそのような生活ではない、新しい生き方をしなければならない。

住宅においても、化石燃料の枯渇の波をかぶることになる。それはどういうことか。現在の住居で使用している電気、ガス、車のガソリンはほとんど化石燃料から成り立っている。それが枯渇しようとしているのだ。それらのエネルギーを使わない生活を早く立ち上げないといけない。十数年後には実行しなければならない。それにはどのようなシステムがあるか知っておこう。

○省エネルギー住宅

現状のガス、電気の使用量を可能なかぎり押さえて住むことが目標であるが、その化石燃料が枯渇しても自然エネルギーをそのまま利用することはなくならないだろう。太陽光による熱を蓄えたり、移動したりして自然エネルギーを使うこと。井戸水の利用、蓄熱（地中にためる熱、雪や氷をためる室（ムロ））、風の流れ、対流等々自然のエネルギーを効率よく使う。ここで大切なことは全体のエネルギーコストをよく考慮する必要がある。

例えば冬の昼間、太陽光の得られる地域では南側の部屋は暖房もいらずに暖かいが、北側の部屋は寒い。南側の部屋の暖かい空気を北側の部屋に送って、この差を解消することが考えられる。これにはファン（送風機）を使うが、全体のエネルギーコストを考慮して、北側の部屋の暖房費をファンの電力が上回ってはならない。（図表・72参照）

これは部屋の配置や地方の環境に左右されるので、かなり高度に考えなくてはならないが、今後も導入して行きたいシステムだ。このように、自然エネルギーを個々の住宅で使うことは永遠に必要だろう。

燃料電池住宅

水素をエネルギーとした燃料電池が車に搭載され大量に出回れば、住宅に使用される。あるいは車より早いかもしれない。車より家の方がコストは高く、多少高価でも吸収できるからだ。各戸に発電機がつく。電力会社はサブであり、家で発電した余剰電力を買っ

図表・72：自然エネルギーの活用

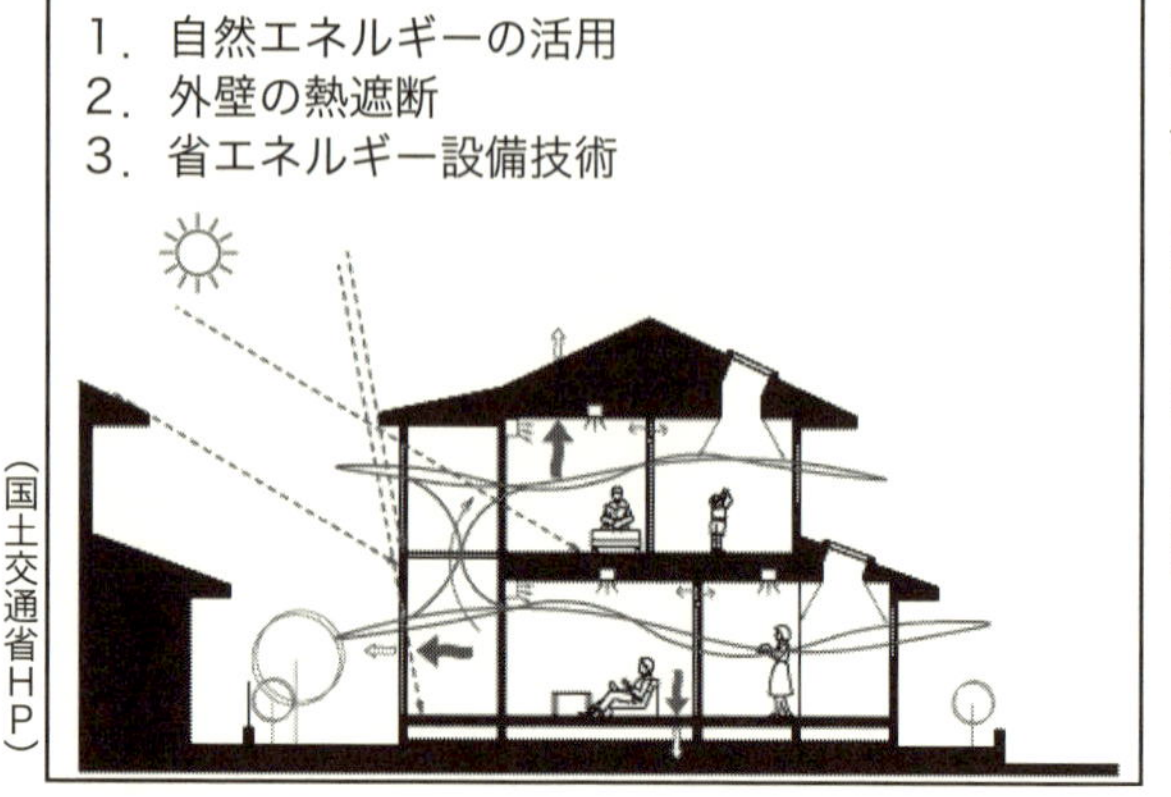

（国土交通省HP）

てもらうことになる。

燃料電池の廃棄物は水のみで、とてもクリーンなエネルギーであるが、水素は爆発するので水素の供給が難しい。また水素はアルコールにも含まれるので再生可能なエネルギーだ。燃料電池は発電時に発熱して、その熱も湯をつくる方に回せば住宅には都合がよい。

現時点でも燃料電池は市販されているが、エネルギーは灯油、ガスだったりしている。その中の水素を使うのだが、要するに化石燃料である。第一歩としては認めるが、本来、燃料電池は水素という再生産可能なエネルギーを使うことに意義がある。車に搭載している燃料電池の出力は一〇〇キロワット程（ホンダ燃料電池車）である。住宅は三キロワット程度で済むのであるから、早く安価な住居用燃料電池が開発されて各家庭に供給されることを望む。

そして、電力会社は各家庭で発電された電気を買うことによって、産業界に売る事業にしたらどうか。電力会社が住居用燃料電池を開発して、水素を供給するシステムを立ち上げたらどうだろう。高価な発電機をリースにしてもよい。今の電線を利用して、電気の向きは異なるが発電事業は継続できる。これが出来れば一気に化石燃料に頼らない社会構造になる。（図表・73参照）

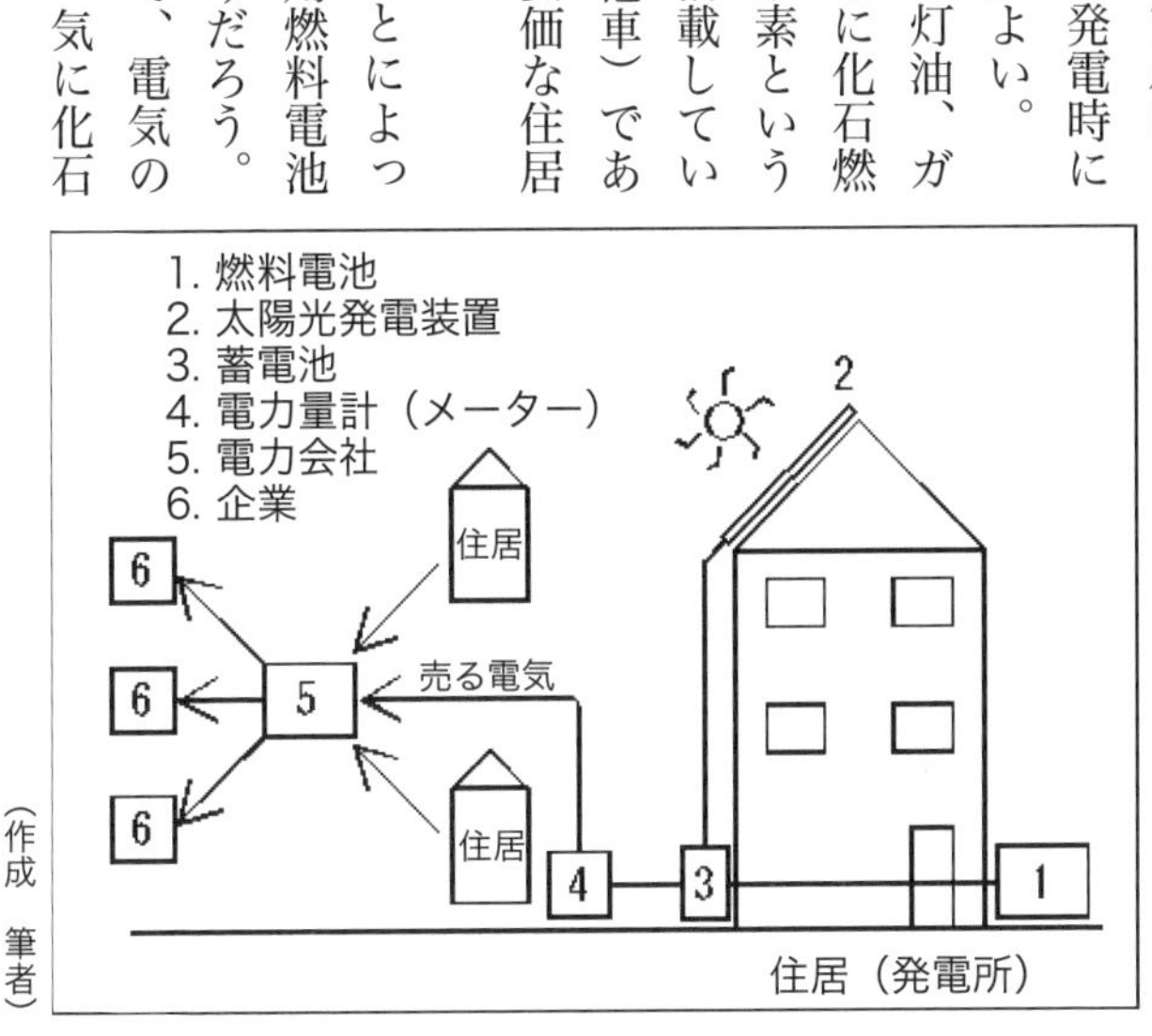

図表・73：住居発電所イメージ

（作成　筆者）

新エネルギー住宅の提案

風力発電、太陽光発電、水力発電等様々な利用が考えられる。これらはすべて何か装置を必要とする。特に風力発電、水力発電はそれぞれ自然エネルギーで、どこでも得られるものでもない。エネルギーは地産地消で考えて、その地方で生産して消費すればよいことだろう。大規模なダムなどによる場合は他に回してもよいだろう。

ここでは太陽光発電を燃料電池と併用して、日本中の家で発電を行うことを提案したい。昼と夜に分けてもよい。水素の供給量次第となろう。こうして、今の電力会社の電線を使って電気を逆流させる。エネルギーの変化は多大な社会構造の変化を生むが、化石燃料を消費しない社会にしなければならないことだけは確かだ。

長寿命建築

新しいエネルギーの話ばかりであったが、建築の構造にも言及しておかなければならない。第一に長年使える建物とすることだ。現在の日本の住宅では木造(もくぞう)が多いが、昔の木造と違って工法も異なる。乾燥したよい材料はほとんど手に入らない。また、それを使える大工さんもいなくなりつつある。古来の木造建築ができないのだ。昔の建物は法隆寺を筆頭に千年以上、補修を繰り返しながら今に存在しているものもあるが、とても庶民にはできない話だ。

西欧では石やレンガで長年同じ建物を使用している。当然メンテナンス（補修）もしている。日本は耐震の備えが必要なので、鉄筋コンクリート或いは鉄骨造（てっこつぞう）としておきたい。住宅のローンを払い終える頃、家が壊れるのでは蓄積というものがない。大きな損失である。建物をつくるのにも大きなエネルギーを消費する。日本人の悪い習慣である建替えを止めることだ。西欧を見習うことも大切である。

外断熱建築

第二に外の気温に影響されない建物とすることである。これもエネルギーの消費を抑えるには良い方法だ。外断熱建築とは簡単な話、魔法瓶である。中の液体はこの中に入れておけば、温度があまり変わらない。これと同じ原理の建物とすることである。外壁、屋根、地面下を断熱材で覆って、外気温の影響を極力おさえるものだ。窓があるのでそこにも二重のガラス（ペアガラス　注・参照）を使って、外気温を遮断する。

そして、ここでも構造は鉄筋コンクリート造（ぞう）の方がよい。なぜなら熱容量が大きい材料だからである。熱容量が大きいとは、例えば床暖房でコンクリートの間に温水を通して、床を暖めたとする。これはなかなか冷めない。そのような性質のあることを言う。木は熱

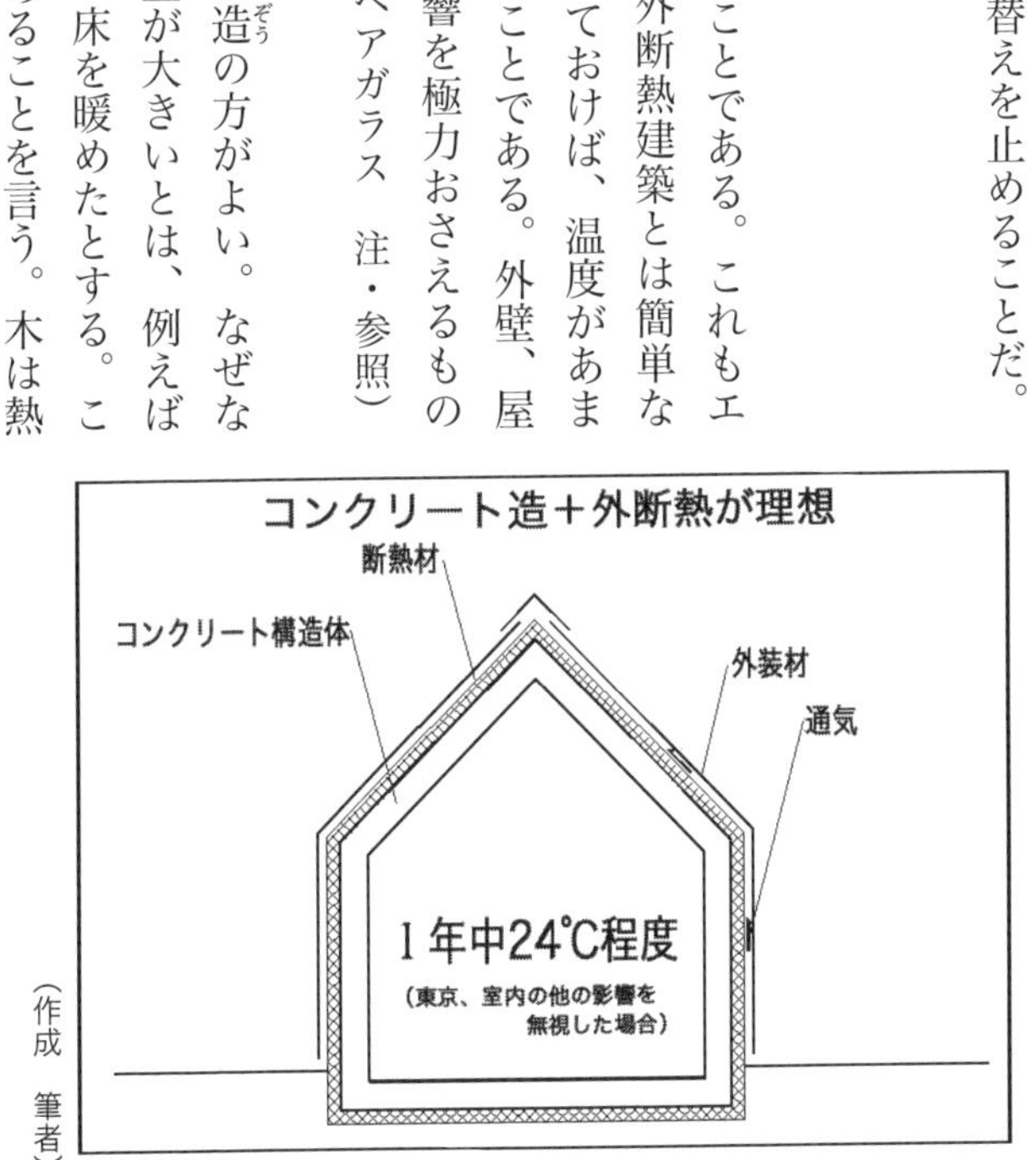

図表・74：コンクリート造と外断熱

（作成　筆者）

容量が小さいので効果が薄いのだ。（図表・74参照）

したがって、外断熱の家では鉄筋コンクリート造として、一年中温度のあまり変わらない家に住むことができる。冷暖房費用も少なくて済むのである。但し、この方式はコストがかかる。燃料電池、太陽光発電装置、外断熱と国の補助金の対象にして、第一に行って、奨励すべき施策であろう。

（注）ペアガラス　ガラスを二枚使い、あいだを真空にした一体的ガラス。真空は熱を通さない。

二．日本の住宅の現状

生活の原点は「家」

屋根のある空間が家の初めである。雨露を凌ぐ家が人間には必要だ。衣食住の住ということだが、これがないと健康ではいられなく、死んでしまう。現代では電気で動くパソコンやセンサーによって管理しているから、雨をかぶったら、使用不能どころか壊れてしまう。

衣食にしても、住がなければ役に立たない。冷蔵庫だけ持っていても、ワードロープだけあっても仕方ない。ホームレスも小屋を作るか、どこかに入って雨露を避けている。衣食住は重要度ならば逆となるだろう。食はどこでも取れる時代である。

また、家族という結び付きも、最近薄れている。これも家という形や意味が壊れてきているのかも知れない。

最小限住宅

ここで家とはどのくらいの広さがあればいいのかという疑問がわいてくる。食べるものがなければ、また、寒さに凍えれば死にいたる。しかし住宅は「起きて半畳、寝て一畳」といわれているように、もっと狭くても短期的には、死に至らない。これが最小限というものを限定できなくしている。質の問題があいまいになるところである。

どんなに設備がよくても、設計のキャパシティ（機能限界）を超えれば、劣悪なビルになってしまう。百人用に設計したビルに、三倍も入居したら機能しないだろう。また同様に、十分な休養の取れない住宅では、中長期的には、健康によくないことは明白であろう。

したがって、最小限住宅とは健康で暮らせる、最小の空間と機能ということになるが、相手は人間である。心理的な問題、ストレスという問題も出てくる。物理的には規定できるかも知れないが、精神的にはこれで満足とはいえないだろう。非常に難しい問題である。この章と次の章を通じて、考えていくこととする。

日本の住宅事情

第二次世界大戦後の住宅不足が出発点であった。四二〇万戸が不足し、全国の住宅数の二割に及んだ。それが戦後の復興によって不足数は一九五八年には二〇八万戸に減少している。規模的には一九四一年の厚生省の調査によると一戸平均三・七四人、一戸平均畳数一七・八九帖、したがって一人当り四・七八帖であった。これは一九五五年になっても一人当り三・五帖で戦前の数値にも及んでいなかった。このように

量はともかく、質的にも劣悪な状態であった。（数値は『日本の住宅』大田博太郎著、彰国社刊による）

しかし、現在では奇跡的に復興した日本経済により、量的には充足している。ただ欧米の住宅と比較すると所得水準に比して質は確保できていない。狭さは「ウサギ小屋」と言われて久しい。原因は日本人の性質によるのであろう。前述の『縮み志向の日本人』という本があるが、トランジスタ、携帯電話等縮小していく分野では、才能を発揮している。個体間距離（Ⅳ章参照）の短さや、江戸の町の建設時に京間に比べて一割程縮小した江戸間という規格をつくって急造の町づくりをしたこともある。公共住宅も縮み志向で量的に対応していった。公共住宅の小さな寸法が基準となってしまった。

これに反してというか、違った意識を持っている民族がいる。西洋の住宅はおおよそ理解できるし認識も異なるから、あまり比較の対象にはならないが、隣国の韓国や中国の話だったらことは違う。日本がもともとの建築様式や技術を見習った国では、古来から「天円地方」という諺がある。

この意味は、天は円（まる）く、地は方形であれ、と教えている。方形は正方形を意味する。建物や部屋を正方形につくりなさいということで、現在でもこの思想の元に戸建て住宅や集合住宅がつくられているのだ。これはかなり違ってくる。

例えば集合住宅で言うと、正方形の部屋が三室から四室南側に配置される。最低でも間口一〇メートル以上になる。韓国ソウルでいえば、都心まで地下鉄で三〇分程度、これが庶民の暮らす家だ。日本なら億ション（売値一億円以上のマンション）だろう。国民の考え方次第ということだ。

日本の現在の住宅では、畳の部屋がなくなっているように思う。畳の部屋には床の間という日本文化の粋を集めた空間があったのだが、これも減少しているようだ。それを日本文化が無くなってゆくことの表れと見るが、年々変化していくのが住まいというものだろう。

環境志向

住宅の置かれる環境の問題がクローズアップされてきた。量的には充足してきて、質的な問題になってきたという事ならよいのだが。周辺の状況や交通機関、学校の位置などが問題となっている。

家族の年齢や構成によっても選択が異なる。子育て中の家族なら、周辺の自然環境や学校などに価値がある。また、老人世帯なら駅に近い、バリアフリーの集合住宅が選択されるかも知れない。年齢によっても要求が異なることも確かだ。

海外ではスラム街といって区別する区域があるが、このような地域をつくってはならない。人種差別と同様なものとなってしまう。このような地域を一箇所つくってしまうなら、治安の悪さは全地域に及んでしまうものだ。アメリカを見ればわかる。地域一丸となってスラム街化を阻止することだ。

三、建築の機能変化

原始時代は住宅という単一機能しかなかった。生活の大部分は戸外でおこなわれ、住宅内では雨風を凌ぎ、自分と家族を守る最低限のものであった。そこでは炊事をして、食事をとることや体を休める為の寝るスペースのみの単純なものであった。これが原点であろう。

弥生時代になると、稲作などが盛んに行われて、米などの貯蔵が必要になり倉庫が出現した。また支配層が分化して、神社建築が発生している。古代から中世にかけては政治や生産も住宅内でおこなわれていたが、近世になると学校、旅館など建築の種類は次第に増えていった。

近代になると、機能分化の傾向は顕著になり、官庁、会社、工場、商店など職業的な部分は住宅外でおこなわれるようになった。それでもまだ、工場、商店など小さなものは住宅内で行われていた。近代、農村ではまだ冠婚葬祭は住宅内で行われて来たが、現在では集会施設、寺院でおこなわれ、多人数の集会は住宅ではしなくなっている。現在では住宅は休養の場所としての機能が主となっている。

建築はこのように、どんどんと機能分化し、新しい業態は建築の新たな形態を生むことから始まるように思えるほどだ。ホテルでの結婚式が増えれば、式場をつくる。コンビニという業態は住宅地や商業地の道路沿いの一階に、ある一定規模で出来ている。個室系の業態も増えている。今後もこの流れは止まらない。新たな業態が新しい建築形態を生み出していくだろう。

図表・75：吉野ヶ里遺跡（復元）

（撮影　筆者）

四．生活環境の歴史

建築様式の変遷

縄文・弥生時代の住宅は土の上に木と草でつくったものであった。湿気のない土地を選んで狩猟採集や稲作をおこない、土器を利用していた。各地に復元家屋、生活遺跡がある。（図表・75）は弥生時代の代表的な吉野ヶ里遺跡の復元である。

奈良時代になると、木造の寺院が出来始めるが、庶民は以前の住宅に住んでいた。木造の寺院の建築は渡来人によって建てられた。それによって飛躍的な技術の進歩があった。屋根瓦は土を焼いてつくった。この時代には木造建築はほぼ、完成した技術レベルに達していた。（図表・76参照）

平安時代から江戸時代には、木造建築の技術的には変化のない時代が続いたが、形式的には変化していった。寝殿造や書院造といったものが代表的様式である。日光東照宮（権現造）や桂離宮は好対照だが有名である。（図表・77参照）

明治時代になると、西欧諸国から産業革命の流れが起こり、それらがどっと輸入されてきた。建築的にも外国の技術者によって洋館

図表・76：薬師寺東塔
（撮影　筆者）

図表・77：桂離宮
（『日本の美をめぐる　日光東照宮と桂離宮』小学館）

が建てられ、生活も洋風に傾いていった。西洋式の椅子の生活も輸入されてきた。これは主に応接間が洋風になった和洋折衷住宅となって現れてくる。さらに重要なことはプライバシィの尊重が叫ばれ「中廊下住宅」の出現となる。

現代以降では、この洋風化の流れが加速して、和室のある家は少なくなりつつある。百平方メートル前後だと和室を設けるのがスペース的に無理となり。和室ではなく畳の敷いてある部屋という感覚となってしまった。

建築構造の変遷

これも大変重要な点である。明治時代まで主要構造は全て木造だったと言ってよい。木と紙で出来ていた。一部土壁や漆喰などがつかわれているのみだ。風雨は雨戸でしのいでいた。

ガラスが使われ始めたのも明治時代から、鉄やコンクリートといった物質も明治時代からだった。これも産業革命による。その延長で現代では鉄とガラスで超高層が建っている。

これには設備的な発明が大きくかかわっている。空調機の発展によって超高層が可能になっているのだ。空調機がなければ現在の形態は不可能に近い、とても熱くて建物の中にいられない。かといって窓を開ければ書類は吹き飛ぶだろう。空調機の発明が大きいポイントだった。

鉄とガラスは再生可能なので、現在の形態は将来とも保てるだろう。再生可能なエネルギーさえあればシェルターはつくれそうだ。

建築構造の種類

木造には、さらに在来工法、ツーバイフォー工法、木の組積工法（ログハウス）等がある。在来工法とは（図表・78）に見られるものであり、古代より技術を引継いでいる木の柱、梁を組んで空間を造っていく方法である。乾燥したよい木を使用すれば長く持つがそれをするとコンクリート造より高価なものになると筆者は経験上思っている。

ツーバイフォー工法とはアメリカから輸入された工法であって、壁を建てこんでいく方法である。この工法は乾燥した木材を使わなくてもよい。これが日本の湿気の多い気候に合うのか、筆者は以前より疑問視している。木は育つのに時間がかかるが再生可能である。しかし、解体後の再利用はなかなか難しいと思える。

組積造はコンクリートブロックやレンガを積んでいく工法であり、鉄骨造は超高層ビルにも使われ、鉄の柱、梁を組み立てて空間を造って行く、柱や梁を使う木造の在来工法にも似ている。

鉄筋コンクリート造（図表・80参照）は柱、梁を鉄筋とコンクリートで一体として組み上げて行く工法である。筆者の設計した住宅は鉄筋コンクリート造で、壁構造という方法をとっている。工費と耐

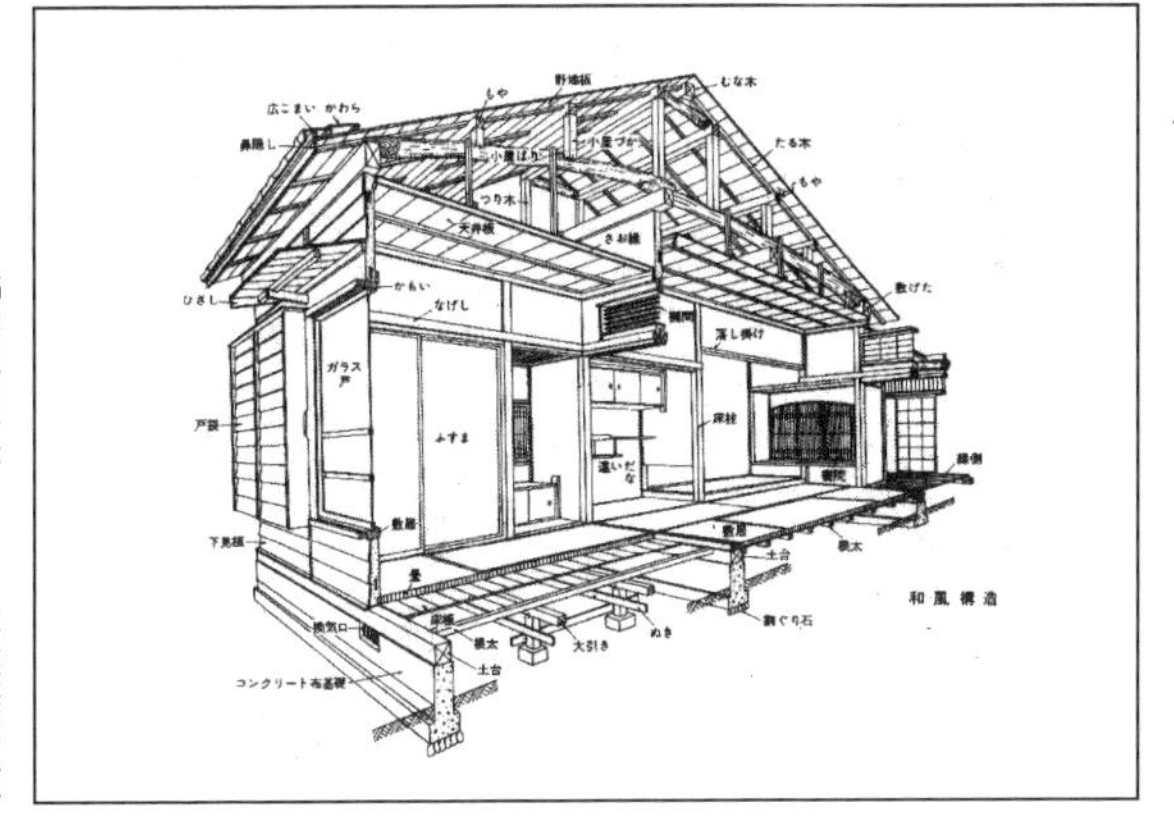

図表・78：木造在来工法

（『構造用教材1』日本建築学会）

久性、耐震性を考えるとこの方法に行き着いている。また鉄筋コンクリートと鉄骨造を合わせた鉄骨鉄筋コンクリート造などがあり高層のマンションなどに使われてきた。そのほか空気構造等がある。

ここで特異なのは、後楽園ドームの空気構造であろう。外気より内部の気圧を少し上げて膨らませている。風船である。世界的にも珍しい。

建築設備の変遷

日本の住宅は高温多湿の気候に合せて、「夏をむねとすべし」ということで、床を上げて通風をよくしていた。冬は火鉢、こたつ等で暖を取っていた。

一九七〇年代以降3C（カー、クーラー、カラーテレビ）時代の到来で家庭用空調機が普及した。ヒートポンプ空調機は、夏場室内の温度を外の空気に加えてしまう。その影響もあって最近、都市はヒートアイランドと言われている。

換気空調はこれからの家には必需品となるであろう。どのようなものかというと、換気空調は室内の温度を逃がさずに換気できる装置となっている。一般的な家庭用空調機は換気できないので、外の

図表・80：鉄筋コンクリート造

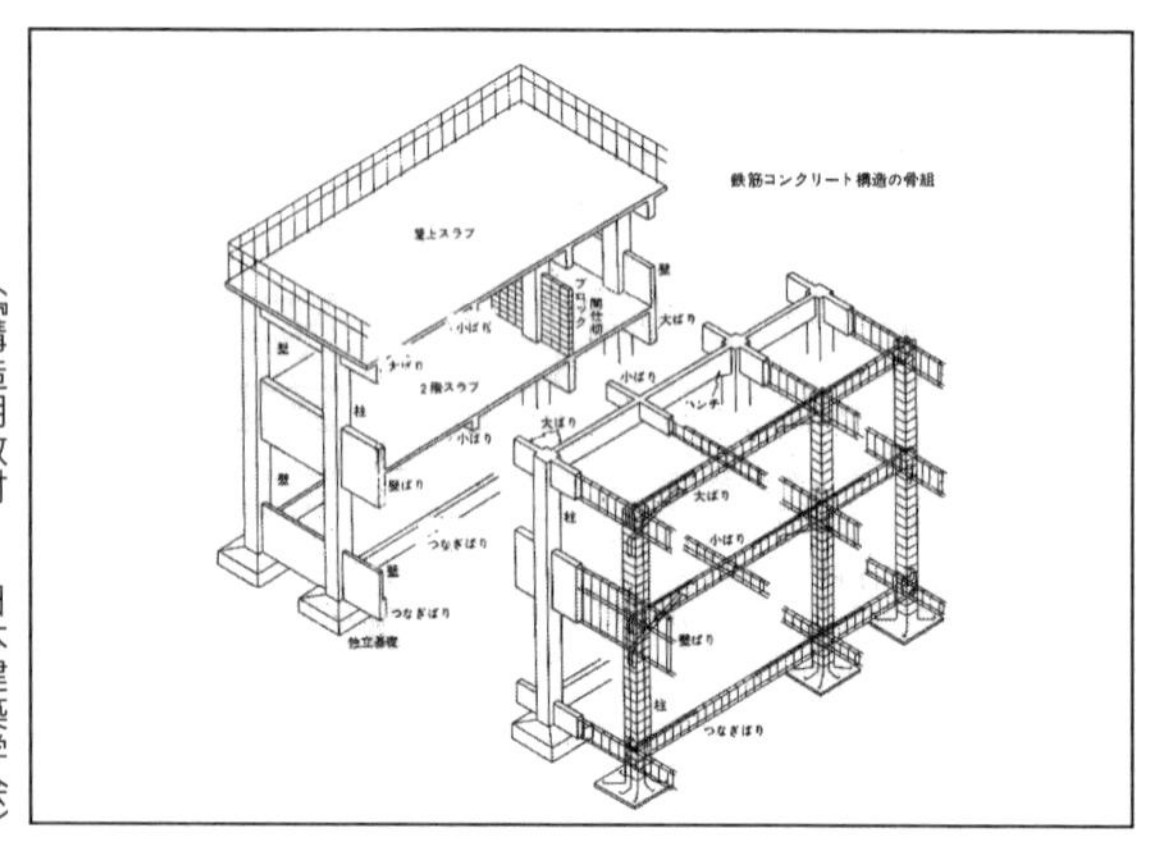

（『構造用教材1』日本建築学会）

空気を直接取り入れている。換気空調は優れた省エネ機器といえる。このタイプであればフィルターの追加で花粉症などにも対応可能となるであろう。

五．家の形式

家の形式には戸建て住宅、集合住宅（低層、中層、高層）、店舗付住宅等がある。戸建て住宅と集合住宅は明らかに異なったものである。低層の長屋形式はタウンハウスと言っている。（図表・81参照）はアメリカの例であるが、日本ではあまりない形式である。

戸建て住宅はその置かれる環境によって左右される。敷地面積三〇〇平方メートル以上のものもあれば、都心の住宅密集地では敷地面積六〇平方メートル程度となっていく。その場合でも土地代は地方なら数百坪を買える額だ。大手ハウスメーカーが参入できないのが、この狭小敷地の建物だ。その理由は大手ハウスメーカーでは規格サイズの建材を大量生産してコストダウンを図っているが、狭小敷地だと規格サイズのものが使えない。したがって建売業者の独壇場になっている。

図表・81：アメリカのタウンハウス

（撮影　筆者）

狭小敷地では建物も、住まい方もスマートさが要求される。スマートではないものが多いのが現状ではあるが、筆者は狭小住宅と言わずに「スマートハウス」と呼んでよいものを設計したいと思う(図表・82参照)。最近多くみられる建築家に依頼して、自分だけの特徴あるデザイナーズハウスをつくるという方法もある。

近年、都心回帰で超高層の集合住宅が再開発によって建てられている。高さがステータスとなっている面もある。売値の同じ高層の集合住宅と狭小敷地の建売住宅では、生活の好みもあるが、またケースバイケースだが、狭小敷地の建売住宅のほうが若干安価に売り出されているのかなと思う。ただ、集合住宅の場合は建替え問題や管理費の負担がある。また、建売住宅は施工の質問題など不安もある。

住宅はステータスの象徴である、確かにそうだが、高価な住宅に住んだからといって幸せとは限らない。お金があっても忙しいばかりでは住んでいる時間がないということになる。人生は限られた時間しかない。どんな家に住むか、その人の人生の生き方とダブってくる。このあたりになると、少し精神論的になるが、決して離れられない重要な問題で、物理的で即物的なものだけでは解決しない。

図表・82：柴又の家　設計筆者
(敷地面積十八坪
鉄筋コンクリート造の住宅)
(撮影　増田寿夫)

六．住宅の販売と取得

住宅の販売方法

戸建ての住宅団地、マンション集合住宅の販売ではディベロッパーによる土地の取得から、建設販売に至るものである。住宅団地開発の場合、ディベロッパーは官庁の許可取得、道路建設、上下水道建設、宅地造成、住宅建設、ガス、電気の設置などのすべてに関与して販売している。集合住宅の場合は近隣住民との交渉などが加わってくる。販売用広告などのコストもかなりの負担になる。

建売住宅の販売では建売業者による土地の取得から、建設販売となる。官庁の許可取得、近隣住民との交渉、購入者との交渉や変更などが主な仕事になる。

個人住宅のケースは個人が土地を購入して、知り合いの工務店の設計によって、工務店が建設する場合、以上が設計施工とよんでいるが、また、個人が土地を購入して建築家に設計監理を依頼して、建築家の指導のもとに工務店に建設を依頼する場合に分かれる。

おおむね、このように分かれるが、自分の購入費がどのような内訳になっているか、正確に判るのは建築家に設計監理を依頼したケースのみである。戸建ての住宅団地、マンション集合住宅、建売住宅のほとんどがその内容と価格は購入者に知らされない。全体の価格のみで購入するわけだから信用度の高い会社のものを購入すべきであろう。

家の取得

人生最良が最悪となる場合がある。家を持つことは一国一城の主になることであり、安らぎの空間を得たいと誰もが願うことだと思う。幸せな家族団らんを夢に描いているが、家の取得時に危険が潜んでいる。姉歯事件だけではなく、欠陥住宅を購入したら、いやでもローンは払い続けなければならない。幸せな家族団らんは一瞬にして、崩壊してしまう。しかも購入者はなにも知らずに、突然専門家の役目を持たねばならない状況に追い込まれる。なにも知らずに買った本人が悪いと言われるし、その責任は購入者に負わされる。そうならないように信頼できる専門家に買う前に相談すること。後では遅いのだ。

購入時には不動産取得税、登記料、売買手数料、毎年の固定資産税などが購入費の他にかかる。条件によっては減税があるが、それらを含めて考えておく必要がある。総額は購入費の一割を越す場合もある。

縁起でもないが、家を取得して離婚したらどうなるか。離婚には協議離婚、調停離婚、判決離婚がある。家の登記名義によってどのようなケースになるか変わってしまう。夫婦共同名義になっていれば共に権利がある。その他はケースバイケースだろう。

七．建築トラブル

基本的な原因

土地を購入する時や建築する時に様々なことが起こる。トラブルにならなければいいが、思ったことと違う場合がある。なにが問題なのか、主なものを知っておいてもよいだろう。

○土地

権利や登記の問題がある。買ったはいいが、権利や登記が他人だった場合などがある。買う前に権利を法務局で確認することだ。土地は公道に接続していなければ建物が建てられない。地盤がよいか悪いかなどの問題もある。近隣環境、近隣住民も確かめる必要があるだろう。おかしな話だが、地盤については日本の不動産業界では購入者に情報を提供する義務はないようだ。

○工事施工

間取り、構造、仕様が自分の希望にあっているかが問題であろう。口先だけではなくこれを確かめる方法があるかどうか、工事の監督は誰がするのか、購入者が監督する知識があるかどうかであろう。予算と実際の価格が適切であるか、建築工事のほか家具（造り付け、移動）、照明器具、色彩、空調設備、給排水、電気工事などの細部についてチェックしたほうがよい。

これには専門家に依頼する設計と監理がある。監理とは正しい工事になるように、設計図のチェックをしてから、工事の検査、監督をすることである。素人ではわからないことが多いのはこの部分だ。

○建築確認申請

建物を建てる時は行政手続きが必要である。その建物を建ててよいかどうか、行政で確認する。それを建築確認申請という。これが済んだものを建築確認済という。工事完了時点で完了検査を行政から受けることが義務付けられている。建物の価値を決める項目に行政から発行される建築確認済と完了検査済という書類の存在がある。

○瑕疵担保

ＰＬ法（製造者責任法）と似ている。建築工事は瑕疵担保という。工事契約書の内容にもよるが、通常であれば、材料、工事や設計の責任となる建物の補修などが発生した場合はそれらの責任で修理できるというものだ。現在は法制度化されて全ての建物に保険が付加されている。

○メンテナンス

ものはだんだん壊れていく。定期的に補修をすることを考える。例えば水道管や排水管などは材質にもよるが、二〇年程度で交換或いは五年毎に清掃を考えておく。空調機などは一五年程度で壊れる。外壁の補修、屋根材の交換、防水材の交換などが必要になる。これは購入者の責任で行う。

発注形態によるトラブル

ハウスメーカー、マンションディベロッパー、工務店に依頼した場合は契約の前と後では異なる、契約後は追加工事をしないことだ。営業マンや設計者は味方ではないことを知るべきだ。

建築家や設計事務所に依頼して設計監理をした場合は、依頼者の意思と工事金額をはっきり伝えることだ。依頼者の味方だが、工事費以上の設計をしてしまう傾向にある。信頼できる建築家を選択することが最初にやるべきことだ。

トラブルは思わないところで起きる。そうならないようにするには、知識を持つことと、信頼できる専門家に依頼することだ。素人では限界がある。

八．現代建築の問題

住宅の課題

「よい住宅とは時代に合ったものを備えている」また「よい住宅とは住み手の価値観が表れたものである」さらに「よい住宅とは環境に対応しているものである」と筆者は考えている。様々な課題がある。順不同で取り上げる。

○エネルギー変化

現代は模索の状態だが、化石燃料の枯渇によって人類の生存が脅かされて来ている。エネルギー革命による地球全体を考えた共存の時代にはいる。それには燃料電池による燃料革命、設備機器の変更によるシステムの変化、建材の開発等、逆に考えれば、最大のビックビジネスの時代がくる。全世界的に変更になるだろう。

○セキュリティ

ますます重要な防犯機能として考えるが、機械に頼るのは危険な場合がある。集合住宅のオートロックが安全かというと、そういうわけでもない。事件が起きている。戸建住宅では玄関だけではなく、テラスなどの一階の窓すべてに注意を払う必要がある。集合住宅では自分の家の玄関にもカメラ付きのインターホンを設置することだ。

○集合住宅の建替え

集合住宅では建替え問題が重要になってきている。基本は住民合意だが、これからはスケルトン・インフィルという概念で造られた集合住宅とした方がいい。基本部分の柱、梁、外壁、窓（スケルトン）と内装（インフィル）に分けて、スケルトンは共用財産として、内装は個人所有としておけば、基本部分の補修を行いやすくなる。

○シックハウス、二四時間換気

二四時間換気を法律で義務付けている。建材に含まれるホルムアルデヒドを換気によって外にだすという話だ。ホルムアルデヒドを含んだ建材はほとんどなくなっているが、家具などや施工時の接着材にも含まれている。ホルムアルデヒドに汚染された家をシックハウスと呼んでいる。

モダンからポスト・モダンへ

テクノロジィの進歩による現代はモダンと言われている時代だ。大量生産、大量廃棄によって環境破壊が一九六〇年代にはいって顕著になってきた。それへの反省から自然回帰が叫ばれて来た。ヒッピィー族等若者の反抗が見られた。長髪ミニスカートの流行した時代があった。

一九八〇年代にはいり「ポスト・モダン」という言葉が流行となる。モダンの次はなにかということだが、その後バブル期に突入し、豪華な石張りの建物が建ってくる。住宅も同様。現代はバブルの後遺症の時代を過ぎて、またサブプライムローンの破綻から暗い時代にはいった。「失われた一〇年」という言葉があったが、それが延長されそうだ。

しかし筆者はここに来て、「ポスト・モダン」の行く先をやっと理解した。産業革命以降の化石燃料消費に決別して、持続可能社会をつくることが「ポスト・モダン」であったのだ。

九. 都市と建築の規則

都市構造

都市構造の要素としては都市交通、道路、上下水道施設、電気、ガス、ゴミの収集廃棄処理施設、食料供給、住宅や店舗施設などを含めて、インフラストラクチャと呼んでいる。これらは人間の活動を支える基本施設であり、基本装置である。これがひとつでも欠けたら、快適な生活は望めないばかりか、人間は死に至る。

また、これらはすべて化石燃料で動いている。或いは関わっている。筆者の心配はここにある。この構図を変えない限り、人類に未来はない。

都市の法律

都市は都市計画法、建築基準法、消防法、民法、税法、等々様々な法律により規定されている。都市計画法は土地利用を規制する法律であり、前述の市街化区域、市街化調整区域などがある。道路もこの法律により規制されている。

道路は所持しているものの名で呼ばれる。国道、都道、県道、市町村道などは公道という。北海道所有の道路は略して道道という。公道に対して、私道（個人所有の道）は例外で、これは建築基準法で規制している。

このように道路は公共的なものであるが、担当している部署が異なる。国道は国の管轄、市道は市役所という具合だ。また、区画整理など道路の拡幅、公園の設置も都市計画法によって規制されている。

このほか、建築基準法は建物の安全や住みやすさを守る規制である。その中に用途地域、建ペイ率、容積率、高度制限、日影規制、等々かなり細かく規制されている。建築主の自由にはならない。この法律は要注意だ。

例えば用途地域でいえば、ホテルを建てたくて土地を買ったとする、その土地は低層住居専用地域や工業専用地域と規定された土地の場合、ホテルは建てられない、といったことがある。用途地域は土地に対して建築用途の制限を加え、環境の保全を図るものだ。自分の土地なのに自由にできるわけではない。

建ペイ率は土地に対して建物を建ててよい範囲の割合を規制している。場所によっては土地全体に建物が建てられない。

容積率は土地に対して建ててよい面積を規制している。建ペイ率と合わせて、何階建てに出来るかということが決められている。この法律全体は内容が細かく、専門家でも手を焼く、素人では理解できないだろう。専門家の意見を聞くことを奨める。

道路と建物

建物がある土地は公共的な道路に接続していなければならない。当たり前だがこれがなかなか理解されていない。時々、新聞の折り込みチラシに接続していない土地が売られている。比較的安くなっているが、買う人は理解しているのだろうかと心配になる。四メートルの公共道路に二メートル接していないと、家を建てられない。私道の場合もあるが、基本はそういうことになっている。

道路と建物の関係で建てられない用途のものがある。要するに災害もあるし、安全な距離を確保するのは道路ということになっている。

法律と環境保全

最近ではビル火災で被害が出る。原因は消防法や建築基準法を守っていないからだ。個室ビデオ店など個室系の店に違反が多い。これは経営者の無知による場合がある。細かい規制が張り巡らされていると考えたほうがよい。知らずに経営して、とんでもない賠償にあわないとも限らない。必ず専門家の意見を聞くことだ。

また、民法では土地の境界とか窓の位置、外壁の境界よりの距離などを規制している。これも要注意だ。知らずに購入した家で、思っても見ない出費をさせられる場合もある。細かい規制が張り巡らされているのだ。

これらの法律は人が暮らしていく上で、環境の保全を目指すものであり、何かトラブルがあった場合の基準である。したがって、これらの法律を守らずに災害を出してしまった場合は賠償の対象になる。この社会の基準であって、知らなかったでは済まない。

不動産、建築業界では様々な専門用語があるが、最初に戸惑う言葉がある。例えば広さの単位、㎡=平方メートルは「平米（へーべ）」と発音する。「坪」は畳二枚の広さで昔から使っている単位（約三・三㎡=一・八二×一・八二m）で、㎡を使わずに坪を使う場合がある。特に単価を表す場合は、ほとんど坪当りということになる。特にこれが戸惑う場面になる。

都市計画では、ランドマーク、ゾーン、エッジなどを使う。ランドマークは場所における象徴的な部分をさす。ゾーンはある特定の地帯を意味する。エッジはゾーンの縁を示す。このような言葉が使われる。

一〇．日本の都市・建築の特徴

広場と街路

西欧の都市空間と日本の都市空間には、両者とも古典的な都市の比較においてであるが、違いがある。西欧の都市では、都市的なまとまりの中心は広場であり、それに付随する宗教施設や政治的施設である。広場から発する街道（もともとは街道のあったところに広場ができた）の先には広場があり町が存在する構図になっている。

日本の都市空間の特徴は江戸城と大阪城、平安京と平城京に絞って考えれば、城を中心とした城下町と中国の羅城を模倣した都という構図である。江戸に於いては城郭から発していく「通り」という街路空間が重要であったと考えられる。

江戸名所図屏風や熈代勝覧絵巻（第Ⅱ章参照）を見ると街路を表現していることからもわかる。特に熈代勝覧絵巻は神田今川橋から日本橋までの街路空間のみを描いている。それだけ街路の町衆の結びつきが強いということだ。しかも、とくとご覧あれと自信満々なのである。平安京と平城京については街路が重要であるのは理解できる。

中世になれば西欧の都市空間についての情報を得ている。徳川家康にはオランダ人の顧問がいた。広場を中心とした都市空間について知識がなかったということはない。あえて江戸をつくったと考える。大阪城にしても同様であろう。

江戸の街路は西欧の街路を模倣しているかも知れない。放射状であるからだ。西欧の広場にも記念碑や宗教施設などのアイ・ストップがある。そして江戸も街路の先にアイ・ストップを持っている。江戸城だ。これはとても象徴的な構図だ。当時の江戸城の天守閣は六五メートル、台地の高さを加えたら百メートル以上になる。まさに街路と城を中心とした都市であった。（図表・83参照）

城と城壁

さらに、日本の都市空間が決定的に異なるのは、都市を囲む城壁がないことだ。西欧の都市、中国、韓国の古代都市には城壁がある。まちを取り囲む城壁だ。中国の羅城を模倣した平安京と平城京にはそのような城壁はない。あるのは江戸城と大阪城などを囲む堀だけだ。軍事都市としての性格のある城下町は権力者を守る堀を造ったが、都市住民を守る城壁はつくらなかった。古代からそう

図表・83：江戸の景観
江戸城・富士山・街道

（鍬形蕙斎画　三井記念美術館蔵）

だった。この比較については研究されていないようだ。都市住民を守る必要がなかったと考える方が素直だろう。

平城京遷都には当時の世界情勢が関係していた。天智天皇の時代、新羅と唐から圧迫を受けている百済救援のため軍隊を派遣したが、白村江（はくすきのえ）（韓国の近海）で大敗した。それで唐の攻撃の心配があったヤマト政権は立派な城を築こうとしていたフシがあるという研究がある（『平城京遷都』千田稔著参照）。それでつくった城が平城京なのだ。ここでは城壁らしきものは羅城門の正面だけであった（図表・84参照）。まちを取り囲む城壁ではないのだ。唐の長安にはまちを囲む羅城がある（図表・85参照）。正面の入口は明徳門という。平城京の羅城門はいかにもとってつけた名前だった。

ローマには城壁があった。しかも二重にある。都市が大きくなったので外側に作り直したのである。そこまでして都市住民を守ったのだ。むしろ、住民も城壁の建設費を出している。

その都市と日本の城下町との差は何なのか。政治風土の違いとしたら大き過ぎないかとも思う。日本では武士だけが城の堀に守られて戦って、被支配階級はどうなってもよいとなったのだろうか。支

図表・84：平城京復元模型

（平城宮跡資料館図録）

配階級と被支配階級の差は歴然としていて、農民は支配階級と共の戦いを強制されずにある程度自由だったのだろう。
疑問なところだが、城壁の形態としては異なっている事実があり、大名と被支配階級の関係を現代に当てはめて、政府や官僚と国民との関係に同じと思えば妙に納得できる。

「奥」と「間」そして「結界」

日本人は「奥へどうぞ」などと言う。座敷へ通される時に言われる。座敷は古民家で、一番奥の部屋、客間をさす。他にも、神戸の奥座敷有馬温泉、箱根の奥座敷などと言う。寺社などでも、奥の院、奥宮といって特別な場所、空間を示している。大奥などもそうだ。この「奥」の概念は日本人にとっては大切な、秘めた空間をさしている。

また、神社などの空間構成も特殊である。西欧の宗教施設は広場に直接面した場所にあるが、神社は街道に鳥居が立っているだけで、奥は見えない。延々と参道や階段を通って辿り着いた場所にある。これも奥の奥にあ

図表・85：唐長安城図

（平城宮跡資料館図録）

る。他国には見られない風景となっている。

その空間認識は心の中に「奥」をつくっているようだ。外国人からは何を考えているかわからない日本人と言われる。日本人同士ではわからないものが、知らず知らずに日常の空間から心に入り込んでいることはないだろうか。ギリシャの建築群はそこで生まれた哲学や数学、物理、芸術（美的均衡の黄金比など）に基づいている。そうであるならば、この「奥」空間にも日本人の心を規定するなにかが秘められているのではないか。「奥」という空間が日本人の心に存在しているように思われる。

同様に、日本人は「間が悪い」などと言う。最近ではＫＹ（空気が読めない）と言うらしいが。この「間」という空間も日本人の特徴である。例えば玄関という空間がある。西欧の家ではドアがあっていきなり居間である。この玄関にワンクッション置いているのが日本の家である。これが「間」の空間だ。和風の旅館の部屋に通されるとする。引き戸を開けると、入口のたたきがあって一段高いところに前室がある。そこに入ってさらに襖を開けると、やっと客間になる。この前室は何の為にあるのか、これが「間」の空間である。これがないと何か味気ないと感じてしまう。まさに「間が悪い」のだ。

「間」は日本では重要なキーワードとなっている。芸人の話芸、舞踊の動作なども「間」一言で良し悪しが判断される。芸事一般もその価値観に頼っている。最終章で個体間距離の問題を取り上げるが、そのことを重要だと考えるのも日本人ならではかも知れない。

「奥」と「間」の空間は日本人の性格に影響しているのだろう。「奥深い」「奥ゆかしい」という言葉。もう死語であるようだが。そして居住空間からも奥と間が失われていった。

「結界」とは次のようなことを言う。神社の祭礼で町内の各家をしめ縄で結んで、ひとつのまとまり「結界」を表して、神に祈るのである。陰陽道からきているのだが、加持祈禱をする時には必ず正方形に「結界」を張り巡らす。デザインを統一したビル群なども一種の結界といえるかも知れない。これも特殊であろう。ただ、陰陽道を起源とするならば中国、朝鮮でも同じようなものは見られるかもしれないが、さらなる研究を要する部分であろう。

下足と上足

明らかに下足を脱いで履き替える民族は日本人くらいであろう。日本ではいつ頃からそうなったのか、貴族階級では平安時代には下足を脱いでいた。証拠には、この時点で渡り廊下というものが出現している。これは明らかに上足（足袋などを含む）で行動し易くするものだ。他国にはない。他国では下足を履いてほかに移っていた。最近韓国の集合住宅では履き替えているようだが、中世の頃は異なった。下足を履いてほかに移っていたのである。

地面から離れた理由はわからない。地面が汚かったからなのか、それは世界でも同じだろう。特に日本が汚かったわけではない。渡り廊下はコストがかかって、屋根なども複雑になる。それでもこだわったのだ。

筆者は日本人の潔癖性が影響しているのではないかと推測している。その潔癖性はどこからきたのかというと、四季の移り変わりによって、繊細な心情を培ってきたのだと考えている。太平洋岸では梅雨の季節、乾燥した冬の季節がある。つまり足の裏の感覚は研ぎ澄まされてくる。それを追求すると渡り廊下になってくるのではないか。そう考えている。履き替えるほうが合理的と判断したのだろう。

庭と渡り廊下

平等院鳳凰堂（図表・86参照）は平安時代の名建築であり、仏教の浄土を表した建物であって、渡り廊下を空中に浮かしたデザインが秀逸となっている。これは翼をひろげた鳳凰の形の建物で前の池を覆い込んでいる。その対岸からお堂の中に、蠟燭の明かりに照らし出される仏の顔を拝み見ることができる。池に仏の顔が映るという効果もある。

ここでは建物の付属であった渡り廊下が重要な役目をしている。奈良時代の寺院の下足で歩く回廊とは明らかに違うデザインであった。下足で歩く回廊は西欧に多く見られる形態である。類似の建物として、中国の池に張り出す楼閣があるが、中国ではすべて下足で移動する。

この上足で行動する渡り廊下と庭や中庭の組み合わせが日本建築の美を創っている。建物と建物をつなぐ「間」に中庭をおいて、渡り廊下で連続させる手法をとっている。

醍醐寺三宝院（図表・87参照）を見ると、中庭が重要な役割を果たしているのが理解できる。そこには自然の風景が入り込んできている。これは自然との共生を願う宗教や感性が影響していると言わざるを得ない。

また、大徳寺の真珠庵においても同様のことが言える。その平面図（図表・88）にも中庭が多数存在するのが見てとれる。ここでは公の空間と私的空間が中庭によって秩序付けられているようにみえる。どちらも自然の庭を眺めることの出来る構造となっている。

渡り廊下を移動して行くと視覚的に四季の変化を感じ取れる空間である。自然との共生が建築のテーマといえる。

図表・86：平等院鳳凰堂

（撮影　筆者）

図表・87：醍醐寺三宝院平面図

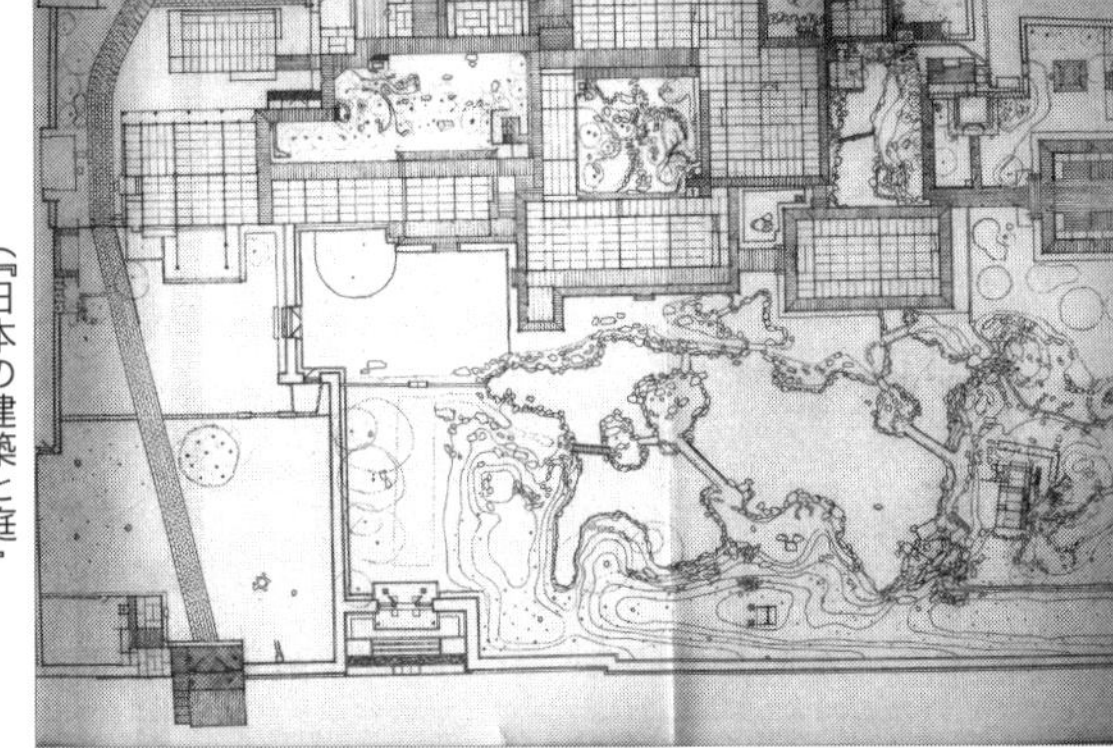

（『日本の建築と庭』西沢文隆実測図集刊行会編）

図表・88：大徳寺真珠庵平面図

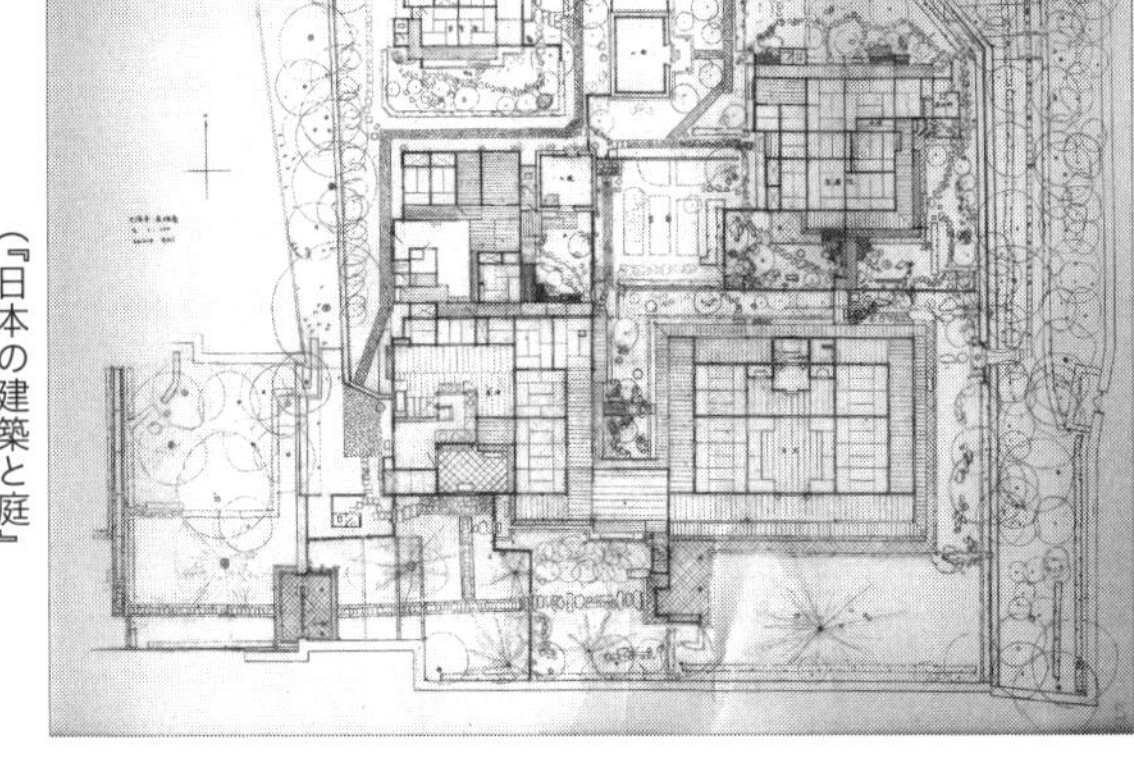

（『日本の建築と庭』西沢文隆実測図集刊行会編）

これとは対照的な空間がローマ帝国のフォロ・ロマーノにある。ここでは政治的空間ということもあるが、自然の庭のような空間は見られない。建物に囲まれた中庭のようなフォルム（図表・89参照）が存在する。フォルムはもはや中庭というものではない。自然の入り込む余地はない。フォルムは整形に切り取られた空間という認識であり、他の要素を排除した絶対空間となっている。

広場が主役であって、建物は広場を構成するものとなっている。これが日本人にはわからない空間認識であって、一番の相違点となっている。

日本の中庭は主役ではない。眺める背景としての視点の変化や一種のバリアとして機能しているが、フォルムは主役である。フォルムとフォルムを繋ぐのは建物であり、回廊である。

フォロ・ロマーノと機能的に同じものを探したら京都御所・紫宸殿のような建物（図表・90参照）をいうのかも知れない。塀で囲まれた儀式空間がある。この空間は他にも見られる。北京にある清国の太和殿（図表・91参照）、ソウルの李朝昌徳宮、仁政殿（図表・92参照）、琉球王国那覇の首里城正殿（図表・93参照）などは同じ空間の意味を感じる。ここには自然の入り込む余地がない。ただ唯一、京都御所の中庭の左右に桜と橘が植わっているのみである。これらはフォロ・ロマーノの流れを汲む空間なのかも知れない。

余談だが、清国の太和殿と李朝の仁政殿、そして琉球王国首里城正殿の石の基壇（建物の土台部分）の段数は写真を見るとそれぞれ三段、二段、一段となっている。これは偶然ではない。

中世においては、日本を含めてこれらの国は交流があった。正殿とは各国の使節を迎えて儀式を執り行う場所であって、当然の如く力関係が建物に現れていると見るのが自然であろう。建物は政治の象徴ともみられる一端の事実がわかる。

図表・89：ローマ・コミティウムのフォルム

（『CG世界遺産』CG製作　後藤克典）

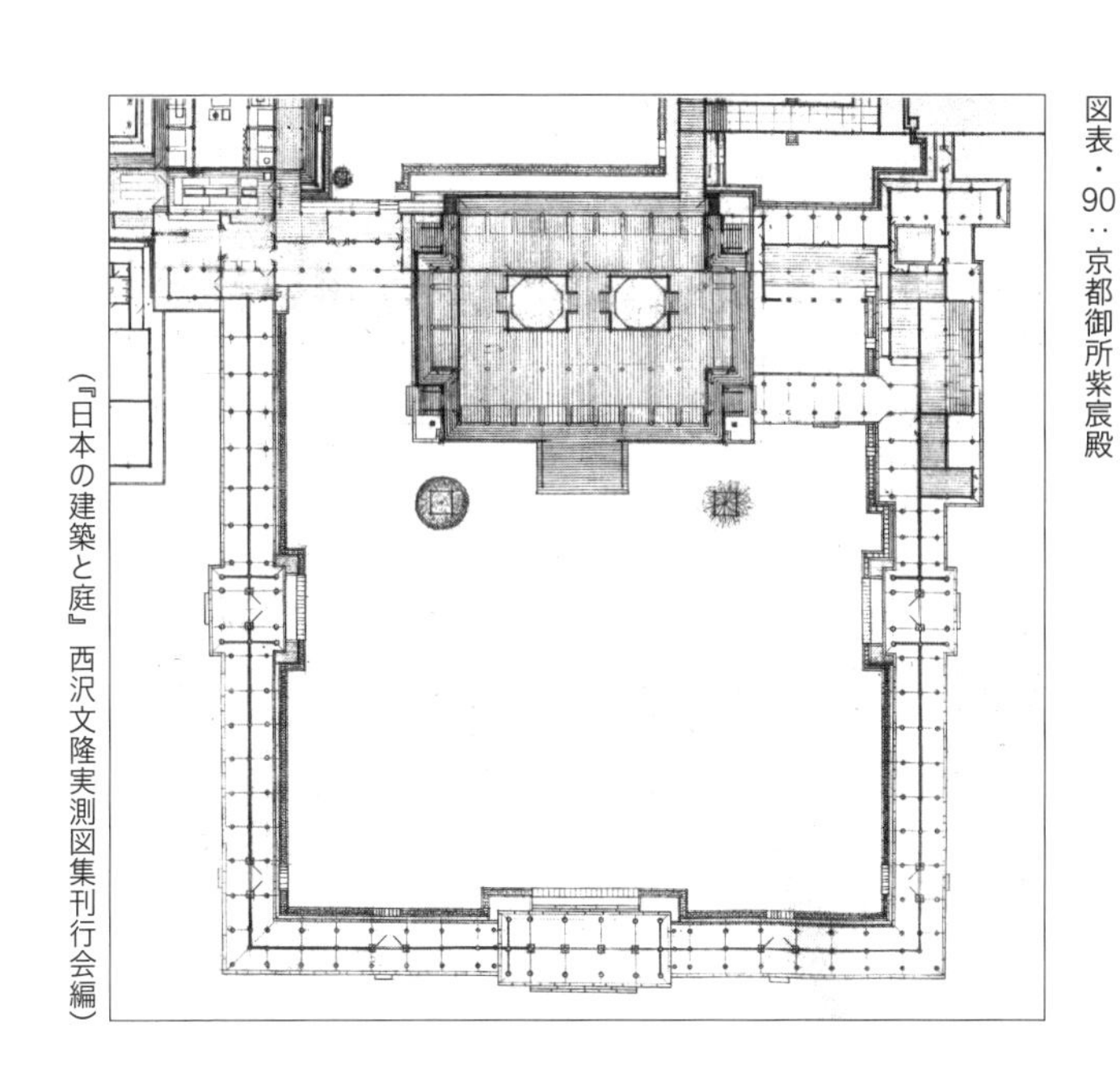

図表・90：京都御所紫宸殿

（『日本の建築と庭』西沢文隆実測図集刊行会編）

図表・91：紫禁城　太和殿

（撮影　筆者）

図表・92：昌徳宮　仁政殿

（撮影　筆者）

図表・93：琉球王国　首里城　正殿

（『首里城』海洋博覧会記念公園管理財団）

中庭のある住居

政治的儀式空間にはさほどの差異が感じられないが、居住空間はかなり異なる。ここでも中庭は下足と上足での違いによって非常に興味深い差異がある。日本に於いては、京の町家（図表・94参照）にみられる中庭は自然との共生の場であり、下足を脱いで上がった空間から眺める構図となっている。一方、ローマの住宅の中庭（図表・95参照）では入口のホールという機能のものだ。ここでは下足でそのまま通過して各自の室まで行く。出発点という位置付けになっているが、京の町家では終点の奥という位置にある。もっとも、ローマの住宅ではより外部的な中庭も一番奥に備えている。二つの役目の中庭をもっていた。

この入口部分に中庭がある方式は多い、西南アジアにあったウルの住宅（図表・96参照）、中国の住宅（図表・97参照）、韓国の住宅（図表・98参照）などもこの類に入る。このホール的な中庭は、ローマの住宅では四方を壁で囲んだ空間となっている。前述のフォルムを思わせる整形の空間だ。日本の武家屋敷の門からの前庭と似ているが、日本のそれは儀式的な空間の部類となっている。むしろ日本

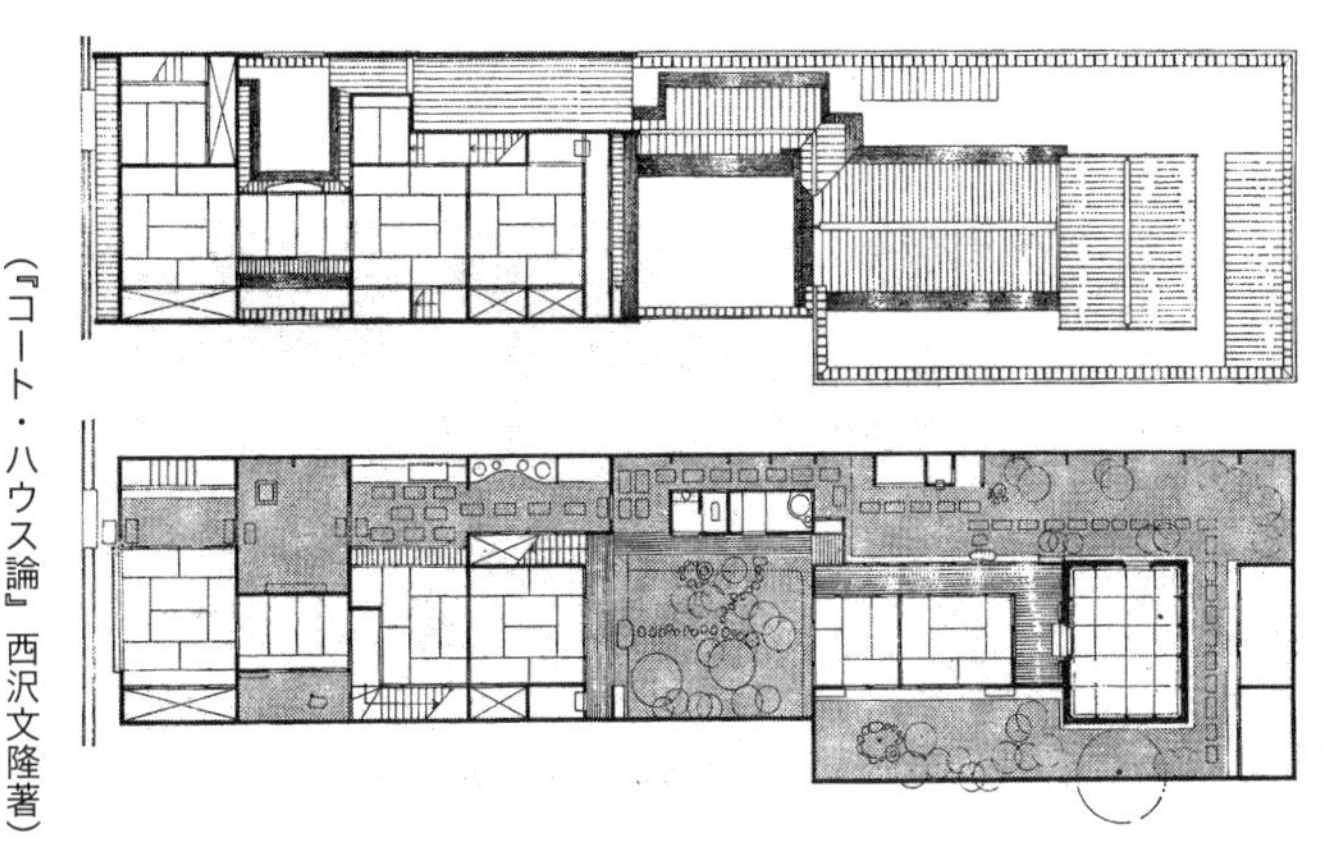

図表・94：京都町家の前栽
上二階、下一階
（『コート・ハウス論』西沢文隆著）

は門、玄関と二重構造としていて、奥や間をより象徴化する空間となっている。やはり、日本住居の中庭も世界の流れから少し離れたところにある。

自然との共生

○月の桂

桂離宮は日本の最高の建築である。これは西欧の建築家ブルーノタウトが言った言葉である。近代建築の到達点であるとのおもいであった。一九三五年頃の話である。そのわけは桂離宮の柱、梁構造にある。ヨーロッパの建築家であるタウトは壁で覆い隠された建物ではなく、鉄筋コンクリート造の開放感ある建築を追い求めていた。近代建築の理想を日本に来ていきなり見せ付けられたのだ。

また、桂離宮には庭園があって、満月を眺める場所をしつらえてあった。自然を建物に取り入れていくという世界にも類を見ない建築となっている。そしていつしか「月の桂」と呼ばれるようになった。自然との共生が日本建築の特徴である。

○床の間と茶室

茶室は書院造から生まれて、日本のすべての芸術が集約される空

図表・95：ローマの住宅遺跡（中庭）

（『ＣＧ世界遺産』）

図表・96：ウルの住居（『コート・ハウス論』西沢文隆著）

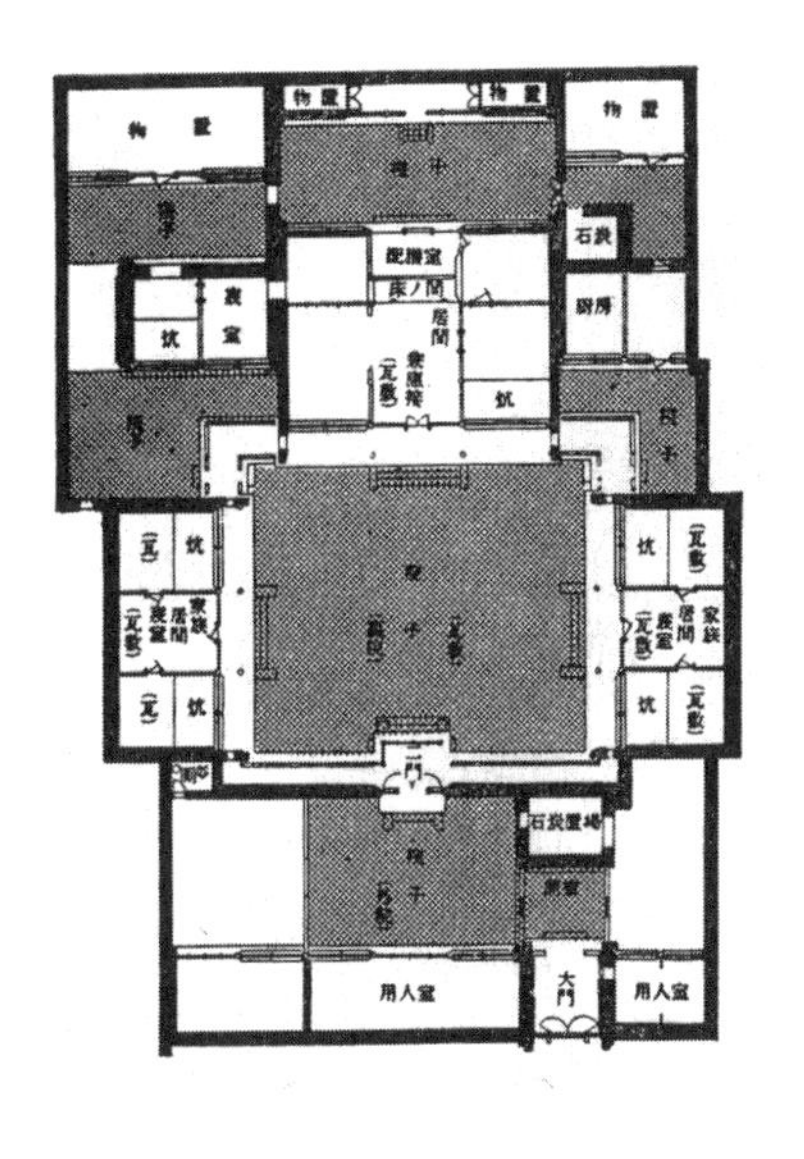

図表・97：京北京の中流住宅（『北支蒙彊の住居』伊東恒治著）

図表・98：朝鮮の住居（『韓国の建築』金奉烈著　空間社）

間である。これを考えた人は素晴らしいと思う。床の間は書院造の一部であり、茶道、華道、書画道、香道、歌道、陶芸等々が一同に会する空間である。茶室は千利休らによるその時代の空気の反映であった。日本の国だけでなく、地球、宇宙に広がっていた。その宇宙を凝縮したもてなし空間の創造であった。これも日本独特といわざるを得ない。（図表・99参照）

図表・99：床の間　喜多家正月飾り

（『日本の美術1 床の間と床飾り』文化庁監修　至文堂）

第Ⅳ章　人間とくらし

一．環境と情報

コミュニティ

人間はコミュニティなくしては生きていけない。幽山渓谷に住む仙人もそのコミュニティの一員である。仙人のもとにはその教えを聞きに大勢が押し寄せてくる。情報によってコミュニティが作り出した人物が仙人であろう。そこでは情報が大切である。まちの発生も「もの」と情報のつながりである。情報でむすばれたコミュニティは人類の生存のために必要不可欠である。よい情報で組織された社会と都市は長く続く、平安京から京都への変遷はよい例であろう。

コミュニティの意識は群れの安全を保障し、社会を強固にする力である。コミュニティの拡がりによって、むらとまちが出現し、都市と国家が誕生してきた。人間社会発展の理由がここにある。

古代においては食料の確保から敵との戦いまで情報の共有における共同作業が必要だ。その優劣が生存を保障し、発展を約束してくれる。コミュニティの意識がそこに重要な位置を占めていることを理解できる。

人類は相手が欲しい

人類は視線をかわすことや接触が欲しいのである。その癒しはコミュニケーションになり、相手はコミュニティになる。その連帯感が都市や国家に結びついてゆく。遊興も信仰も同じ理屈で連帯感が組織をつくり、ひとつの団体となる。

信仰は人類皆同じものを信じていれば問題ないが、それが異なる場合は排他的になる。連帯感がそうさせる。戦争は民族、宗教的対立から生まれてくるもので、他者は、同じではなく排除するものになる。そのくらい連帯感が強い。逆に裏返せば、人類は相手を欲しがる気持ちが強いということがわかってくる。

キリスト教とイスラム教は唯一神であり、信仰の生まれた時代、地域、内容が重なっているにもかかわらず、長い間対立して現代に引き継がれていることも宗教という情報を共有している連帯感の堅固さを知ることができる。

ホモ・コムニカビリス（交信する人間）

人間の交信する欲望は果てしない。現代の携帯電話やネットをみるとそう感じざるを得ない。古代においても、同様であった。交信する欲望がつくったルートがある。さまざまな道である。軍隊の道、商人の道、狩人の道、巡礼の道、登山の道、旅人の道、用途に応じた道。絹の道、陶磁の道、スパイスの道、ローマへの道、江戸への道、伊勢詣での道、異なる地形をたどる道。

船舶、汽車、飛行機などは航路、鉄道、空路となって道の拡大解釈といえるだろう。これは果てしない好奇心によるものだろう。その好奇心を満たす為に技術の革新を進め、それによって大量伝達を可能にして、またそれがコミュニケーションを増やす。しかし、いまだにコミュニティ内の意思疎通は困難を極めている。また、諸外国ともはるかに通じない。それには歴史と文明のコミュニケーションが必要なのであろう。

二．社会と人間

生活空間と人間

社会情報のなかで生活空間の情報は非常に多い。住宅産業、不動産業、住宅ローン等の金融や経済、住宅に詰まっている家電製品の情報など限りなくある。この世の産業はすべて人間の為に存在しているからだ。また、そこに住む人間の意識、人生、就職、結婚、離婚、愛情問題等、心理的な多様なものを考えないではいられない。生活空間を作っても中身が無ければ意味はないからだ。

したがって、この章では人生を歩むにあたって、あるいは社会人として最小限、社会のことを知っておこうと思う。建築物の歴史や社会的な仕組みや構造を知って置くことは、教養でもあるし、国民としても義務でもある。

生活空間の産業

生活空間関連の産業は幅広いすそ野を形成している。家一軒なら車の十数倍で扱う金額も大きい。インターネットで発達しているのはこの生活空間関連の産業だ。筆者は最近、個人住宅の設計を主にしているが、情報はインターネットから得ている。以前のような本棚にぎっしり積まれたカタログ類は一切いらない。プロ用の図面情報も提供されている。

不動産情報などはその典型で、インターネットをうまく利用している商売である。不動産関連なら宅地建物取引主任という国家資格を取得すれば自分が責任をもって不動産の売買が可能になる。価格の三パーセントが手数料として双方から頂ける。賃貸マンションなら一ヶ月の家賃というところか。街には不動産屋が多いわけだ。意外と簡単に資格も取れるし開業できるということの証明だ。

また、都市開発の分野も夢のある仕事だ。好不況のある業種だが、街をつくるのは楽しいし、やりがいのある仕事だと思う。今後マンションの建て替えも増え、集合住宅など住まいの変化も必至といえる。環境再生はこれからで好不況にかかわらず、進めて行かなければならない分野といえる。

住宅産業の企業では技術者はほんのわずかで、ほとんどが営業部隊である。たとえば、インテリアの好きな人がいるとする。デザイン的なことはあるが、それ以前に住宅設備の知識や家電製品の知識、収納の考え方などが必要だ。それを顧客と相談しながら、作り上げていく。デザイン学校では色彩や形態の事が主になるが、実際は住み方とか建築に関する法律の知識が重要だ。デザインは顧客の趣味で決まるから、デザインする余地はあまりない。それが現実だ。このようなコーディネーター的な仕事が主である。

コーディネーターといえば公務員はそのような仕事になる。その地域に対する愛情と歴史文化や都市運営に対する知識が重要になる。公務員の仕事は幅広い、都市がいかにつくられ、どのような時間の積み重ねを経ているか。都市の基本とはなにか、インフラの維持はどのようにされているか。災害時の対応はどのようにするのか。シャッター通りの再生はいかにされるべきか。以上のような様々な問題に対面していく。住民をリードしていく力が必要だ。まちづくりＮＰＯ法人などでも同じだろう。

そのほか建材メーカーも幅広い、キッチンからガラスや塗料、接着剤、鍵、セキュリティなど、家電メーカーもその仲間になる。このように生活空間の産業は幅広いのだ。

時代を見る目を養う

デザインは十人十色というが、それほど違うわけではない。設計のコンクールなどでも傾向があってまったく異なるわけではない。人間の考えは共通している。あなたの考えは他の人も同じことを考えていると知るべきだ。流行があって、はやりすたりがあるということは、人間の考えが共通しているからだ。

色や形は時代によってある傾向が見られる。それが流行であって、皆が共通のものを着たりしている。果ては考えも共通して同じフレーズを話す場合もある。人間の脳は人の真似をして成長するし、通常生活していけるという研究もある。事実一人では生きてゆけない。ここから流行がある理由もわかる。

流行の先頭に立つ心構えが必要だ。はやるものを探して、クリエイターになることを目指すことだ。また、陳腐化しないものをつくる。いいものは時代を超えて残ってゆく。流行の話と矛盾するようだが、流行は陳腐化するものである。だから流行なのであって、矛盾しない。陳腐化しないものをつくることなど人間の世界には両者が存在する。それには情報を駆使して時代を見る目を養うことであろう。

三．人間の住む空間

社会環境

現在では地球環境を軸として、国、都市、地域環境、住環境と考える方が自然であろう。地球環境の悪化は皆が知るところである。公害に始まって水の汚染、不法投棄、二十世紀の思想は大量生産によるコストダウン、その結果の大量消費。大量消費を前提としている流通機構、問題は起きるのは当然である。人類はやっと限りある自然という考えに至った。

国は国民の支払った税金を使って、様々な社会資本の整備を図っている。道路等のいわゆるインフラ・ストラクチャと呼ばれるものだ。水質の管理、河川の管理、産業の振興、学校等教育、病院、お金の発行等々全てに規制をかけて、ある一定の基準を保っている。それは、何をやってもよいというわけではなく、皆がルールを守って自由な生活が出来るようにしている。政治家も官僚も全て国民の支払った税金で、給料を貰い、税金で事業をしているのだということは、つい忘れがちである。

税金によって守られている社会環境

例えば簡単な話は、どこか道路に穴が開いたとする。これは通報すれば直してくれる。しかし、その道路の帰属によって担当するところが違う。国の管轄は国道という。県道、市道、区道、町道それぞれ管轄が異なっている。私道は自分で整備が基本だが、四メートル道路として提供していて、市や区に移管している場合は自治体が整備してくれる場合がある。

公共の道路を管轄の違いを盾に、多くの役人が関わって、税金の無駄ではないかという論議がある。道路ひとつとっても、国の役人、県の役人、市町村の役人と最低三人いる。市町村で一括管理をすれば、国と県の役人はいらない。国民が関わっているのはその地域の道路であって、市町村が窓口で足りるのだ。税金を正しく利用して欲しいと思うが、市民が無知ではよくはならない。

産業行政、河川、教育等も同様に三重になっている。市町村に任されているのは上下水道くらいだ。様々なところに無駄が露出してきた。産業革命或いは明治維新から続いた官僚制度を、もう一度再点検する必要に迫られている。

国民の支払う税金

国民の払う税金には、次のような種類がある。会社などの法人が支払う法人税、事業税、一律な消費税。所得税などである。所得税法では利子所得、配当所得、不動産所得、事業所得、給与所得、退職所得、山林所得、譲渡所得、一時所得、雑所得の一〇種類に分類している。

個人事業者は一千万の売り上げで五百万の経費がかかれば、経費を差し引いた五百万に所得税がかかる。しかし、年収二千万以下の給与所得者（サラリーマン）の所得税は源泉徴収されるので、基本的には所得金額の一〇〇パーセントに所得税がかかる。所得金額とは実収入のこと、これではあまりに不公平ということで、所得控除が設けられている。控除の内容は医療費控除（一〇万円以上）、社会保険控除、生命保険料控除（最大一〇万円）、損害保険料控除、配偶者控除（三八万円）、扶養控除（三八万円）、基礎控除（三八万円）などがある。

所得金額から以上を差し引いて、三百万だとすると、五〇万程度が所得税＋住民税となる。かなりの額になる。サラリーマンは個人事業者と比較すると、もっと政治や政策に対して要求すべきだが、それをしていない。こういう税の仕組みを知らないことも原因なのか。もっと怒ってよいのだ。

住環境の維持

道路、河川は国や地方自治体の仕事となる。ゴミの回収処理、上下水道は地方自治体の仕事、ただ国の助成がある。地方自治体には公園を設ける、生活環境を維持していく保健所、労働環境の整備、学校教育等、いろいろの仕事がある。ガス、電気は民間企業がやっている。ライフラインの維持は官民共同で取り組まないといけない構図になっている。

これは災害時には不安な点だ、政府のなすべき仕事と地方自治体の仕事があいまいで、責任がどこにあるのかわからない。緊急時にこれでは役に立たないだろう。阪神大震災の時も、初動対応に遅れが出た。縦割りの行政組織の弊害であった。

また、現時点では生活に欠かせないガス、電気などは民間企業に委ねている。確かに非常な強い組織で対応しているが、今後の住環境の維持という視点で見たときに、疑問を抱かざるを得ない。

筆者は一軒の住宅を設計して、行政やガス、電気会社の担当者とその家のライフラインの供給について打合せを行うが、なかなか目的の部署に辿り着かない。要するに「たらいまわし」にあうのだ。緊急時に対応は無理な気がしてしまう。変革しなければならない問題のひとつとなっている。

四．日本の現実

債務超過国家と土地価格

政府の財政赤字は増え続けて、地方債を含むと九四〇兆円で一千兆円目前となっている。一年間の国家予算が約八〇兆円だからその一〇倍以上の借金がある。国民一人当たり七五三万円の借金がある計算だ。これもどんどん増えていく。バブル崩壊から一〇年の不況で大盤振舞いをしてきた。その結果だ。景気回復は国民の願いであった。債務超過は個人にもしわ寄せがきている。自己破産は増加し、バブルの時に家を買った人は資産価値が半減して、売払っても返せないローンを払い続けている。これも債務超過といえる。

日本はいまだ右肩上がりの成長神話を抱いているように思える。バブルの到来を望む気持ちがある。そのシステムを崩さずにきている。そこからの脱却が必要である。例えば土地の価格は、土地代＋建築費＝賃貸収入＋一〇年ローン金利＋利益というような計算から決まれば、土地代は全体的に半分以下が妥当な線となる。環境に対して価値が付いてくるようになる。価値を客観的に評価していくことが大切であって、グローバルスタンダードといった受け売りではなく、独自の視点を持つ必要がある。

少子高齢化と将来

年金制度の崩壊がいわれている。これは現役世代の稼ぎで老齢者を養うという発想で、もう古い制度である。賦課方式という。六十五歳以上は二〇〇〇年には二二〇〇万人、二〇二五年には三四七二万人となる。問題は生産年齢人口に対する老齢人口で二〇〇〇年は二五・五パーセント、つまり現役四人に対して老人一人である。それが二〇三〇年頃には五〇パーセントになる。現役二人に対して老人一人。

どういうことになるかというと、政府の言っている現役時代の給料の五〇パーセントの年金が受けられるとすると、大体給料の半分は年金と税金でもっていかれる計算だ。これは既に破綻だ。民間企業なら倒産している。まさに若い人たちにかかわる問題だ。抜本的な改革が待たれる。政府に任せずに自ら対策をしておく必要がある。

例えば、自分が老齢化したら介護者が少ないことは明白だ、なんでもヘルパーに依頼すればお金がかかる。どちらにしても自立できることには越したことはない。年金も貯めておく、家はバリアフリーの考えやユニバーサルデザインを取入れておく。これが社会情報を総合的に考える生き方だ。

最悪の事態からの脱却

地球環境も温暖化でどうなるかわからない。石油や天然ガスはあと数十年で枯渇する。アメリカ、中国、インド次第では食料問題も起きそうだ。どうも最悪の事態が口を開いて待っている。まだ、この事態に至っていない。石油を巡って戦争が起きるか、もう既に起こっているのか。日本はエネルギー転換など重い腰を上げようともしない。

筆者は旧弊にしがみ付くならこのままで行けばよいと思う。最後になって転換すればよい。それが太平の世を謳歌してきた国民の選択だから仕方ない。困ると思うが発想を転換すれば、これは商売のチャンスだ。皆のニーズに合わせたものを考えて行けば、金を稼ぐ道はいくらでもありそうだ。今の状況ならそう考えるか、自分でエコ生活をするしかない。

五．ユニバーサルデザイン

ユニバーサルデザインとはなにか

一九九五年米国ノースカロライナ州ユニバーサルデザインセンターのロン・メイス所長によって提案された。高齢者や障害者のためのバリアフリーデザインを抱合する形で一九九〇年代後半から、全ての人にという概念でユニバーサルデザイン（Universal Design）が提唱されてきた。本質は「すべての人のためのデザイン」であるが、現実に一〇〇パーセント満たす事は無理だが、そこに限りなく近づける努力をすることである。

また、高齢者や身体障害者を含み、できる限り多くの人々に利用できるように最初から意図して、機器、建築、身の回りの生活空間などをデザインすることである。

持続可能社会ではどのような状況になるか、全て見通せないが、様々な人種や年齢に合わせたものをデザインしてゆくことが基本となる。少量多品種ということか。

ユニバーサルデザインの七原則

○利用の公平性があること――すべてのユーザーが等しく利用できる。利用を区別したり、差別しない。

○利用にあたっての高い自由度――個々のニーズと能力に対応すること。使用方法が選択できる。

○使用法が直感的にわかること――地域、学歴、慣習など、経験や知識、言語に関わりなく分かりやすく利用しやすい。
○与えられる情報の理解しやすさ――ピクトサイン（万国共通の絵サイン）、言語、触知情報等によって情報を適切に伝達する。視覚や聴覚など知覚に障害のある人にも技術や伝達手法を使い適合性を高める。
○利用ミスの許容性があること――誤って使用した場合でも最小リスクで対応できる。可能な限りの安全を追求する。
○無理な姿勢や力がいらないこと――利用の効率性がよい。動作を繰り返さないで簡単に利用できる。
○寸法と空間の包容性があること――立位でも座位でも、様々な視点（目線）に対応できる。グリップサイズが多様である。介助機器やパーソナルアシスタントのために十分なスペースがある。
例えば駅なら階段、エスカレーター、エレベーターなどと選択肢があり、シャワーなら車椅子でも、立っても座っても使えるような自在ヘッドがついているようなことをいう。

ユニバーサルデザインの広がり

ユニバーサルデザインの「よいデザイン」とは安全、アクセシブル、使いやすい、経済的、サスティナブル、美しいの六項目を備えたものと考えられている。
明日のユニバーサルデザインとはバリアフリーデザインを抱合し、さらに拡大する概念となるべきである。また、サスティナブル（持続可能）、トランスジェネレーション（世代を超えた）、その他の概念をも

貪欲に抱合していく、インクルーシブ（包括的）デザインとして認識されていくべきである。（図表・100参照）

ユニバーサルデザインの原型

一九八八年制定のＦＨＡＡ（Fair Housing Amendment Act）米国公正住宅修正法：四戸以上の集合住宅における障害者差別の禁止）は、六十二歳以上の高齢者、障害を持つ米国市民に対して、住宅の供給形態（賃貸、購入）、住宅の質（設計面）、及び住宅取得（不動産取引）に関わる各側面においていかなる差別も禁止している。

つまりＡＤＡ（障害を持つアメリカ人法：障害者差別を禁止する公民権法）として制定されたものである。具体的には二階建てのタウンハウスを除く四戸以上の共同住宅に適用され、住宅設計基準の考え方は、障害をもつ市民だけでなくすべての市民に対して適用できること、特定の市民に対する住宅づくりではなく、すべての市民に普遍的で魅力のある住宅をつくりだすことにある。そのすべての世代に対応する設計要求として以下の七点が掲げられた。

・敷地内通路と住戸への出入口はアクセシブルであること。
・屋外共用空間はアクセシブルでユーザブルであること。

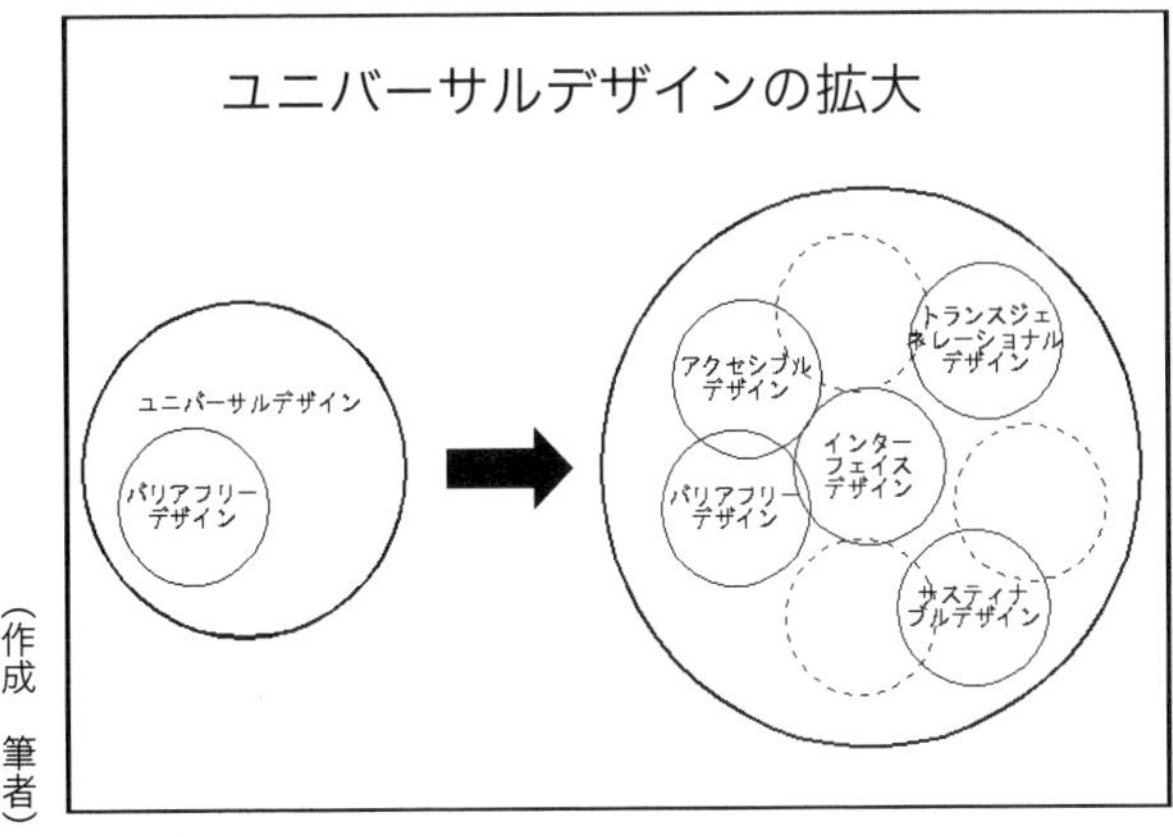

図表・100：ユニバーサルデザインの広がり

（作成　筆者）

・すべての出入口は車椅子で通行可能であること。
・住宅内通路はアクセシブルであること。
・照明スイッチ、コンセントがアクセシブルであること。設備も操作しやすいこと。
・浴室内の壁面には将来的に手摺を取付けることが可能な下地補強をすること。
・台所と浴室はユーザブルでアダプタブルであること。（図表・101参照）

六．個体間距離

個体間距離とはなにか

人間と人間がコミュニケーションをとる場合、互いの距離が与える影響は心理的な問題となる。その距離は建物や都市のありかたまでにも広がって行く。また、文化や風習の異なる民族によっても距離の与える意味が違うこともわかる。

（図表・102）を見ると、バスを待つ人々が自然にある間隔をおいて立ち並んでいる。この距離はいったいどうしてできるのだろうか。

図表・101：住宅のユニバーサルデザインの基準

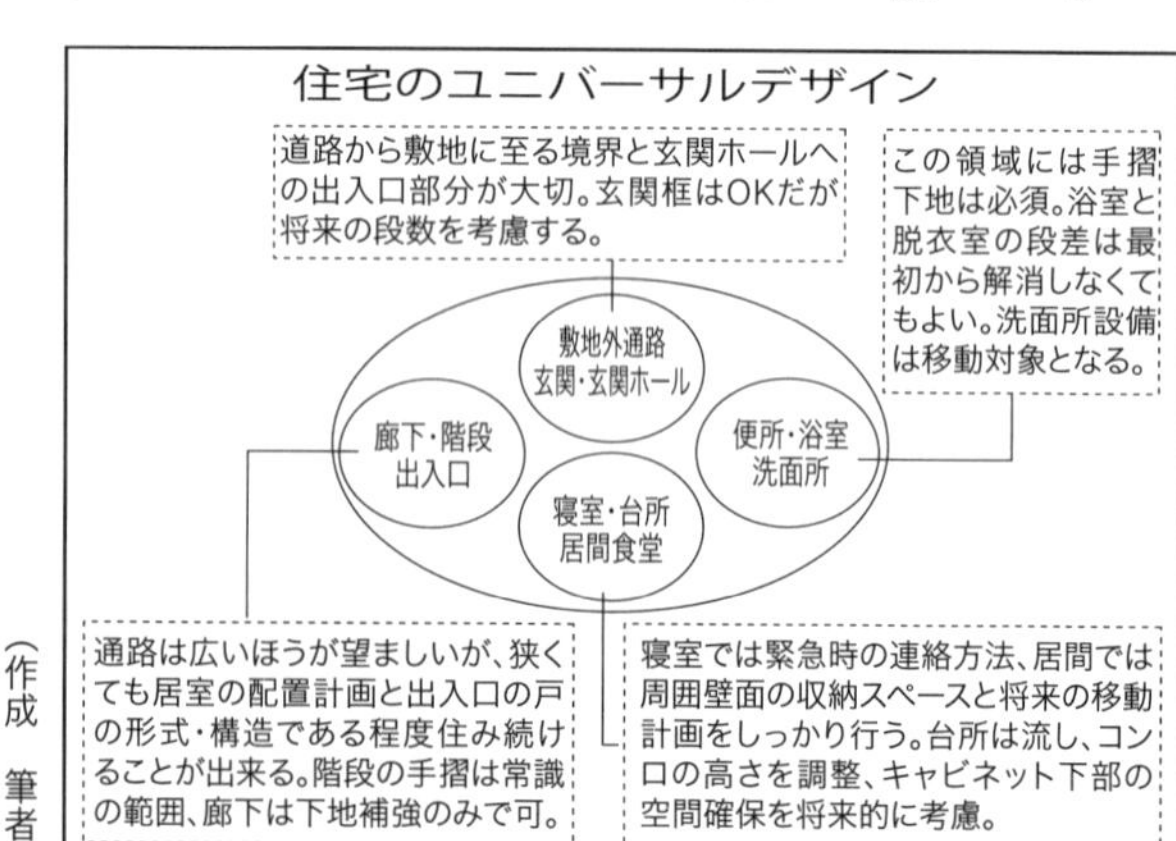

（作成　筆者）

また水に浮かぶ流木に止まる鳥はきれいに等間隔に並んでいる。これはどうしておこるのだろうか。これには法則があるのではないかと一人の学者が思いついた。

この研究はエドワード・ホール著「かくれた次元（THE HIDDEN DIMENSION）」に書かれている。エドワード・ホールはアメリカのすぐれた文化人類学者であり、心理学を応用して建物や都市にまで言及可能な研究は貴重であろう。以下にその論文の要約を示す、人生のひとつの指針として活用されたい。

持続可能社会では地球規模での協力が大切だ。人類は地球の様々な場所で多様な民族と仕事をすることになるだろう。他民族や他国ではそれぞれに特徴ある生活が送られている。人類はそれらのことを知っておく必要があると思う。この個体間距離の問題が第一歩といえる。

人間における距離

人間と人間の距離を大きく密接距離、個体距離、社会距離、公衆距離の四つに分けている。肌と肌が接する距離から演説を聴く距離まで取り上げ、その心理状態を観察している。一部筆者のコメント

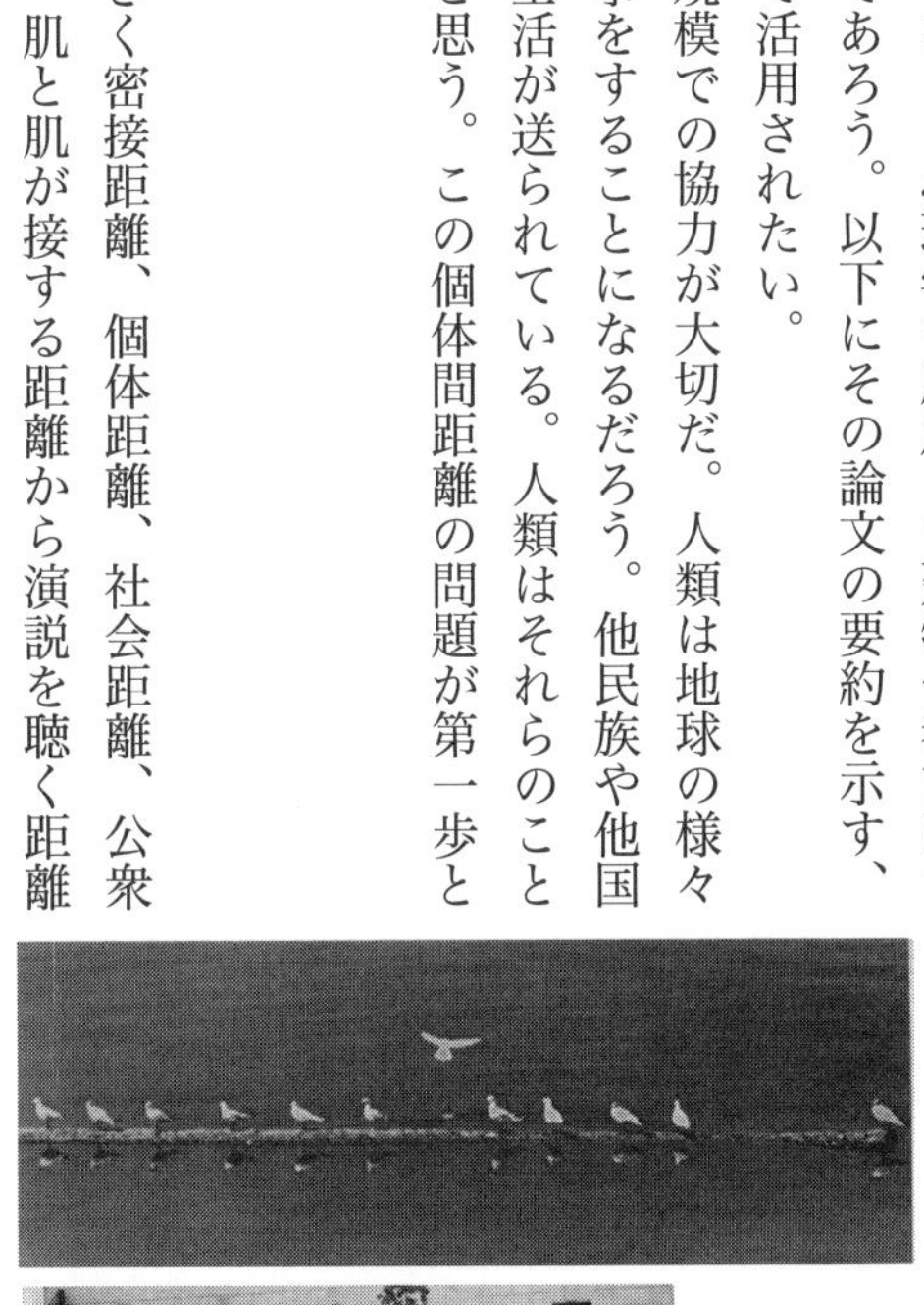

図表・102：個体間距離

（『かくれた次元』）

を加えて、より理解を高めている。

○密接距離―近接相

愛撫、格闘、慰め、保護の距離である。身体的接触をしている状態、身体的にはインヴォルブメントされている。嗅覚と放射熱の感覚を得て、皮膚と筋肉のコミュニケーションがある。感情の激しい状態を示す。（図表・103参照）

○密接距離―遠方相（距離一五センチ〜四五センチ）

頭、腿、腰等が簡単に触れ合うことはないが、手で相手の手に触れたり握ったりすることはできる距離。頭部は拡大されて見え、表情は歪められる。アメリカ人の場合生理的な不快感を感じるが、中東出身者はそれを示さない。

かなり親しい人との距離と考えてよい。他人が入るのを好まない。満員電車なら仕方ないが、少しすいてくるとこの距離でもいやな感情を示す。

○個体距離―近接相（距離四五センチ〜七五センチ）

この距離では、相手を抱いたりつかまえたりできる。相手の表情は歪まずに、一五度の視覚のなかに相手の顔の半分が明瞭に見える。しかも顔の生毛、まつげや毛穴ははっきりと見える。また、こ

図表・103：密接距離

の距離では、人々が互いにどんな位置に立っているかで、彼らの関係や、彼らの互いに抱き合う感情がわかり、その両方がわかる場合がある。

この距離は微妙な心理があると思われる。四五センチ〜七五センチの距離で親しい関係かそれほどでもないか判断できるようだ。

○個体距離―遠方相（距離七五センチ〜一・二メートル）

片方が手を伸ばせばすぐに触れる距離のすぐ外から、両方が腕を伸ばせば指が触れ合う距離までの範囲。身体的支配の限界。この距離では個人的な関心や関係を論議することができる。頭部は正常な大きさで知覚され、相手の表情はこまかいところまではっきりと見て取れる。

一般的な知り合いの距離といえる。全くの他人でもなくなにかの繋がりがある。同窓会などの距離といえば分かりやすいか。

○社会距離―近接相（距離一・二メートル〜二・一メートル）

個人的ではない用件はこの距離で行われる。共に働く人々はこの距離をとる傾向がある。六〇度の視覚内に頭、肩、上体が入る。社交上の集まりは普通この距離をとる。この距離に立って人を見下ろすと、威圧する効果がある。例えばデスクの椅子に座っていて、上

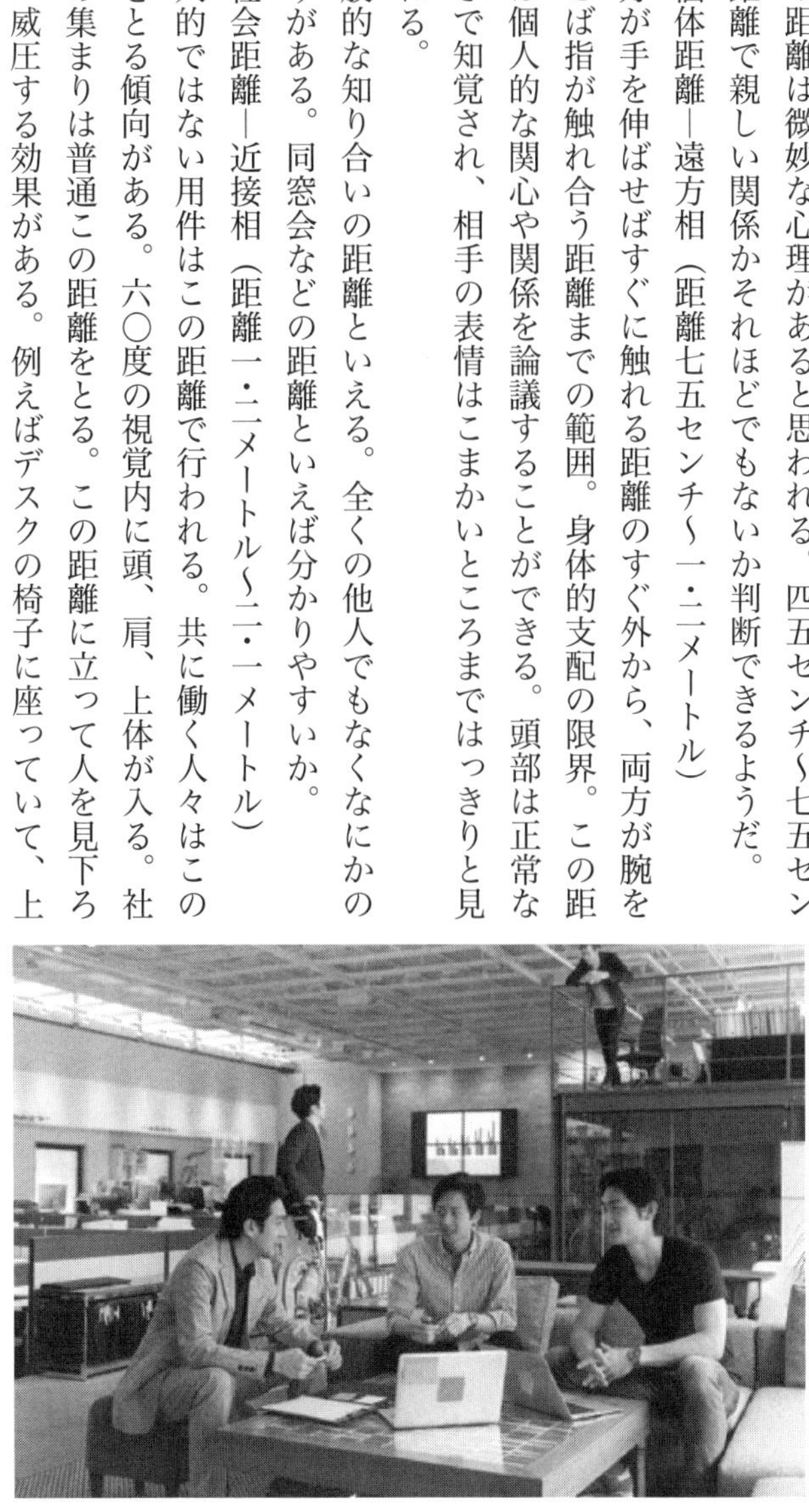

図表・104：社会距離（働く人びと）

司がこの距離に立つと威圧されるということになる。（図表・104参照）

○社会距離―遠方相（距離二・一メートル〜三・六メートル）

業務や社交上の対話は形式ばった性格となる。お偉方の机は訪問者を二・四メートル程度離す大きさをもっている。顔の細部（目の毛細管）は見えないが、肌、髪、歯の状態、衣服の状態はたやすく見える。この距離の特徴は人を互いに隔離し遮蔽することである。この距離では人前で仕事を続けていても失礼に見えない。アメリカ人の場合、声はアラブ人、スペイン人、インド人、ロシア人よりは低く、上層階級のイギリス人、東南アジア人、日本人よりは幾分高い。

この距離は面接官二、三人でおこなう面接の距離といえる。相手を観察しやすい、全体を見られることより服装などをきちんと整えるのはこの意味である。

○公衆距離―近接相（距離三・六メートル〜七・五メートル）

脅かされた時、逃げるか防ぐかすることができる距離。四・八メートルでは体は丸みを失い平らに見え始める。目の色はわからなくなりはじめるが、白眼は見える。六〇度の範囲で体全体がすこしゆとりをもって入る。三・六メートル以内に入るとなかなか無視することは難しい。大学の授業など自然と座るとこのような距離となる。前から四列以降ということか。

○公衆距離―遠方相（距離七・五メートル〜）

公的に重要な人物のまわりには自動的に九メートルの隔てが置かれる。普通の声で話される意味のこまかいニュアンスや、顔のこまかい表情や動きも感じとれなくなる。声その他あらゆるものを誇張もしくは増幅する必要がある。姿全体はきわめて小さく見え、背景の中に入ったように見える。人がアリのように見えてくるこの距離で、彼らとの人間としての接触は急速に褪せてゆく。

距離帯のもつ意味

前述の如く、人間はある距離帯をもって生活している。それは民族文化によっても異なる。したがって、都市や建築を計画するときには、人間の体積だけではなくこの距離帯を考慮する必要があるだろう。また、筆者は日本人には特有の距離帯があるように思えている。『かくれた次元』では特に日本の民族の距離を研究しているわけではないが、民族文化を大切にすることを教えてくれる。

心理的な距離帯の持つ意味もある。距離帯は立場や心理的な作用を含み、なおかつ文化をも抱合した行動である。このことは住宅、集合住宅や狭い敷地の戸建住宅に於いては必要な計画基準となる。

動物におけるスペーシングの機能

動物行動学の基本的概念である「なわばり行動」において、距離は重要であり、また次の点でも距離を利用している。

逃走距離のなかでは野生の動物は人間あるいはその他の敵が近づいても、ある一定の距離になるまで、逃げずにいる。動物の大きさとその逃走距離は正の相関がある。動物が大きいほど、敵との間に置くべき距離が大きい。

臨界距離は逃走距離と攻撃距離の間のせまい帯のことをいう。サーカスのライオン調教師の例では、ライオンの攻撃距離に入らずに、また逃走距離にまで離れずに調教をおこなう。

接触性動物と非接触性動物がいる。ある動物はいっぱい群がって互いに体を接しあっている必要がある。他の種類の動物は徹底的に接触を避ける。セイウチ、カバ、ブタ、コウモリ、インコ、ヤマアラシ等は接触性動物である（図表・105参照）。ウマ、イヌ、ネコ、ネズミ、タカ、ユリカモメは非接触性動物である。（図表・106参照）

このような群れの形態があり、動物における混み合いと社会行動の問題が出てくる。ストレスによる大量死がある。ある島で多数のシカが混み合いによるストレスが原因で海に入って自殺した例がある。食料は充分あったので、餓死ではない。距離の問題がクローズアップされてくる。環境維持での人口調節をしていると見られる。

視覚空間と聴覚空間

遠距離受容器として目、耳、鼻がある。近接受容器としては皮膚、粘膜があって、筋肉から受ける感覚、触覚をえる。人間に備わった視覚は嗅覚をしのぐ情報量をもっている。

目によって収集される情報の量と耳で集められる情報量の比較をする。人間の神経の大きさをくらべると、視神経は耳の一八倍のニューロンを含んでいる。このことから目は耳の一〇〇〇倍ほどの

図表・105：接触性動物（カバ）

ニューロンになる。耳は六メートルまでは有効だが、三〇メートルになるとかなり遅くなるが、一方的コミュニケーションは可能である。

ところが目は、補助手段無しで九〇メートル以内なら莫大な量の情報をさばくし、一六〇〇メートル離れてもなお人間のコミュニケーションに役立つ。また、速度も違う。音波はある条件で一秒間に三三一メートル伝わるが、光波は一秒間に三〇万キロメートル伝わる。視覚的な情報は、聴覚的な情報にくらべて、ずっとあいまいさがすくなく、かつ焦点があって鮮明である。

人間の目はいろいろな機能を持っている。食物、友人、遠距離にある多くの物体の物理的状態を知りうる。また、障害物や危険を避けながら、どんな土地でも動きまわる事が出来る。さらに、道具をつくり、自身や他人をグルーミングし、表現を評価し、他人の感情状態についての情報を集めることができる。情報収集役ばかりではなく、情報を伝える有用性もある。じっと見つめる等。

人間はものを見ながら学び、学んだ事が見るものに影響を与える。人間は過去の経験を利用して、知覚を変化させていく。例えば、冷蔵庫のなかの探し物等、男と女ではまるっきり違う視覚世界

図表・106：非接触性動物（白鳥）

の中に住んでいるとしか思われないことがある。

聴覚空間では日本人の音響的遮断において面白い例がある。ふすまは紙製であってその壁で部屋を仕切っている。日本の宿屋で隣りの宴会の音が聞こえてくる。西欧の人間には新しい感覚体験である。ドイツ人やオランダ人は音を遮断する厚い壁と二重ドアを必要とする。

嗅覚空間

「におい」は視覚や音よりはるかに深い記憶を引き起こす。アメリカ人は脱臭剤をやたらに使い、公共の場でにおいを抑えて来た結果、アメリカは世界のどこにもみられないほど嗅覚的刺激のない均一な土地となった。

動物に於いては、食物や敵、なわばり、生殖行動はにおいによっておこなわれる。サケが生まれた川にもどるのもおそらくにおいであろう。

アメリカ人は地中海諸国の人々が使う強いオーデコロンのにおいのことを話題とする。アラブ諸国の人は、他人に息を吹きかけることは普通のふるまいであるが、アメリカ人は他人に息を吹きかけてはならないと教えられる。アメリカ人の嗅覚的システムとアラブ諸国の人のそれとの不一致は、どちら側にも影響を与え、単なる不快や困惑以上のものまで拡張される。

フランスの典型的な町では、コーヒー、スパイス、野菜、毛をむしったばかりの鳥、さっぱりした洗濯屋のにおい、そして野外のカフェの特有なにおいを楽しめる。それがアメリカにはない。

皮膚と筋肉—近接受容器

空間は皮膚からくる触覚や歩き回る筋肉によって知覚される、当然何かするのにぶつかりたくはないのであり、ましては他人と衝突したくはないのである。反対に心地よい空間は皮膚や歩行する感覚を考慮している。

空間の中でなにができるかによって、その空間がどう感じられるかが決まる。一、二歩で横切れる部屋は、一五歩二〇歩を要する部屋とは完全に異なる感じを与える。手で触れる高さにある天井と三三メートルの高さにある部屋とは全く違う。

遠距離受容器としての目、耳、鼻で受け取られる情報があまりに重要なため、皮膚が大切な感覚器だということに気付かない人が多い。輻射熱を検知する能力はきわめて高い。人間は体のいろいろな部分の皮膚の温度変化で、情緒のメッセージを発したり、受けたりするようにできている。頰を赤らめることは視覚的サインである。肌の黒い人も同じように頰を赤らめるので、肌の色彩の問題ではない。

ある女性は、暗闇で九〇センチから一・八メートル離れていても、自分のボーイフレンドの情緒がどんな状態にあるかわかると言った。このように皮膚の温度変化はなんらかのメッセージを伝えている。

触覚的空間

触覚的空間と視覚的空間、この二つを分けることは不可能である。テクスチャー、手ざわりは触覚的体験によるものである。建物の内面や外面の手ざわりは、もっと意識的に心理的社会的な認識のもとに利用される必要がある。

日本人は手ざわりの重要性をよく意識している。人間の空間感覚は自己の感覚と密接に関連しあっている。自己の感覚は環境との密接なやりとりである。人間は自己の視覚的、筋覚的、触覚的そして温度感覚的な能力によって環境と折り合っている。

比較文化

○ドイツ人

・ドイツ人やドイツ系スイス人のうちの多数が必ずアメリカ人の時間、空間の使い方について批評する。アメリカ人は時間を厳格に管理し、スケジュールにやかましいと言う。

・ドイツ人やドイツ系スイス人はヨーロッパでは人間関係が重要であるが、アメリカではスケジュールが大切だという。

・ドイツ人は公衆距離七・五メートル以上では人を見つめないことになっている。二人が話しているところへ第三者が割り込むことがある場合、二・一メートル以内に入ったら侵害されたと感じる。

・アメリカ人は他人が椅子を動かして、距離をその場に合しても気にしない。ドイツでは椅子を動かすことはしきたりにそむくことである。ドイツの家具は重い、軽い家具は嫌う。秩序を乱すことになるからだ。

○イギリス人とアメリカ人

・アメリカでは住所が地位の重要な手掛かりである。(家庭も業務)

・ブルックリンやマイアミから来たジョーンズ家はニューポートやパームビーチから来たジョーンズ

家ほどうまくいかない。
・マディソン街やパーク街にある企業は七番街や八番街にある企業より格が高い。
・角にある事務所はエレベーターの隣りや廊下の奥にある事務所より立派である。
・イギリス人はどこにいようと貴族は貴族、魚屋のカウンターにいてもそうだ。
・アメリカ人は台所と主な寝室を母親もしくは妻に属する場所としている。アメリカの女性は一人になりたければ、寝室にいってドアを閉めればいい。閉じたドアは「邪魔をしないで」とか「私は怒っている」とかの合図である。
・イギリス人は自分の部屋を持ちたいとほとんど思わない。国会議員でもオフィスを持たずにテームズ川のテラスで用事を片づけていることがよくある。
・イギリス人は他人を避けるために空間を使うという習慣ができていない。一人でいたいので、部屋の中をぐるぐる歩き回ると、アメリカ人の同室の男は必ず話し掛けてくる。
・イギリス人は急な電話はできるだけ避ける。かわりに短い手紙を書く。
・イギリス人とは互いに隣人同士でもなんの意味はない。イギリス人の関係は空間的によってではなく、社会的地位による。
・中の上のイギリス家庭では、寝室のプライバシーを握っているのは男性である。化粧室も同じ、書斎も持っている。イギリスの男性は衣服にうるさい。イギリスの女性の衣服の買い方はアメリカ人の男性に似ている。
・アメリカ人の声は大きいと批判される。イギリス人は丁度よい大きさで話す、それは人の邪魔をしないためである。アメリカ人にとっては何か企んでいるように見える。
・イギリス人は遮る壁のないとき、会話でわかったというしるしにうなづいたり、うなったりしない、まばたきするだけ。一方アメリカ人は人を見つめてはいけないと教えられている。イギリス人の聞く態度は社会距離において相手をまっすぐ見つめる形がよい。二・四メートル以上離れる必要がある。
○フランス人
・北欧人、イギリス人、アメリカ人よりも密接に寄り集まる。
・空間の地中海的な用法は混み合った列車、バス、自動車、歩道のカフェ、家庭などに見られる。
・フランス人が戸外を好む理由は、多人数の状態で暮らしているからである。レストランやカフェで人に会う。自宅は家族のためのものである。リクレーションと交際は外でするもの。
・フランス人が話し掛けてくる時、相手の顔をまじまじと穴のあくほど見詰める。
・パリの通りでは男は女性に目をとめるとじろじろと見詰める。
・都市に住むフランス人は公園と戸外を最大限利用してきた。都会とは満足を引出せるところ。
○アラブ世界
・アメリカ人は中東へ行くと公共の場で、におい、混雑、騒音の大きさに圧倒される。公共の場で、押したり突いたりすることが特徴である。アメリカ人は無礼な振る舞いと感じているが、アラブ人の方でもアメリカ人たちをあつかましいと考えている。アラブ人は公共の場では立ち止まっている場合、権利は生じていないのでなにをしようとかまわない。
・アラブ人は動くにつれて空間への権利を獲得して行く、入って行く先や高速道路で行く先を横切られるとひどく怒る。アメリカ人たちの動く空間の取り扱いかたに原因がある。

・アラブ人は公共の交通機関の中で女性をなでたり、つねったりする。アラブ人は身体の外にプライバシーの圏があるとは考えもしない。

・西洋世界では、人格は皮膚の内側にある個人である。アラブでは身体と自我は分離している。例えば、盗賊の手を切り落とすことが標準的な刑罰とか、強姦という言葉を一言で表わす言葉はないとか。

・アラブの都市では人口密度が異常に高い。砂漠の圧迫により自我を身体の殻の内側に押し込むことによって、高度の人口集中という適応が起きたのかも知れない。

・アラブ人のコミュニケーションは騒音レベルが高い、目つきは鋭く、手が触れ合い、話している間互いに暖かい湿った息をかけあう。ヨーロッパ人には我慢ならない。

・アラブ人は一人になるのを好まない。家は区切りがない。何らかの方法で積極的につながりを持たない限り、生命を失う。

・諺（ことわざ）で「人間のいない天国へ入ってはいけない。なぜってそこは地獄だからさ。」

・アラブ人には嗅覚が重要な位置を占めている。絶えず相手に息を吹きかける、よいにおいは快いものであり、その行為は望ましいものである。息を吹きかけないのはぎこちなく振る舞うことである。アメリカ人とは全く異なる。

・アラブ人は体臭を発散して、人間関係を打ち立てようとする。他人のにおいが気に入らない場合遠慮なくいう。仲人は娘のにおいを嗅いでくるよう頼まれる。においと気立ては関係する。

・アラブ人は歩きながら話をすることができない。話をする時は、前に出て振り返って目を見て話すので、こちらは立ち止まることになる。

・アラブ人は公共の場でのプライバシーというものを知らない、トラブルが起こりかけている時に干渉しないことはその仲間に加わった事になる。アメリカ人はいつも仲間に加わり、感情的に相手を刺激していることになる。

時間、空間、異文化

以上の異文化を見てきて、民族やその文化によって時間と空間の持つ意味が変化してくることを学んだ。日本のことをわかろうとするなら、独自の分析もあるが、この比較文化による認識の方がより日本文化を深く理解するきっかけとなるのではないかと思う。他国のことを一方的に、自国の論理で考えるのではなく、どのような空間、文化のなかで生きているのかを理解する必要があると気付く。なぜなら、世界で一番特殊な民族は日本人であると感じている。一番知っておくべきは日本人自身なのではないか。

七．アメニティ空間

快適な空間

アメニティ空間とはなにか。amenity（心地よさ、快適）という意味だが、アメニティには物理的な快適性と精神的な快適性があると思う。物理的な快適性はある意味では、金で買える部分かも知れない。しかし、精神的な快適性は金で買える部分は少ないと思う。精神的な快適性はまさに人生そのものである。精神的な快適性を得るにはどうしたらよいのだろう。筆者の経験から、時間に対する考えと生物としての人間を上げてみた。何かの参考にしていただきたい。

また、物理的な快適空間ということで、四人の代表的な建築家、フランク・ロイド・ライトとル・コルビジェ、丹下健三と吉村順三の、これまた有名な作品を紹介して、快適性の意味を考えてみたい。

さらに、筆者も建築家であるので、最近の自作を紹介したい。自然環境やエネルギー、都市、人間を考えて設計しているつもりであるが、なにか感じて頂けたら幸いである。

時間の概念

「時間」を考えると、時間は誰にも共通だ。そこには格差も能力の差もない。そして誰にも公平に死が訪れる。人間は個性があって能力も異なる。しかし時間は差がない、共通だ。

また、今一瞬の時間も戻ってこない。時間の不可逆性という。過ぎ去った時間はもう戻ってこないのだ。後悔してもあとの祭りである。

このことから、人間には個性、能力、時間しかないことがわかる。個性と能力は変更できるが、時間は変更できない。個性と能力は変えられるので、もし能力の差があるとしたら時間を掛けて克服することだ。それは許される。万能な人間はいない。

個性を変更できると思わない人もいるかも知れないが、人間の細胞は常に変化しているのである。戻ってこない時間を有効に使うとしたら、その時を自分の個性と能力を拡大して精一杯生きることしかない。そして自分を知って、その個性と能力を拡大する。今しかできないことをするのみである。

或いは、いかに「死する」かという、逆に死ぬ時から考えてみてもいいかも知れない。どのような自己の死を望むか自問自答してある答えが出たら、その為には今なにをしなければならないか、考えたらい い。それもよい人生を送る手立てとなるだろう。

化学反応する人間

感情は脳の化学反応であると言われている。人間は生物なので体内ではいろいろな酵素が化学反応をして活動している。それなので、その感情によって体全体に影響を及ぼすと考えられている。

また、ＤＮＡの最近の研究によると、らせん状の遺伝子はすべて二組になっているという。その二組が人間の細胞を常につくり変えているという。これらのことと前述の時間の概念を合わせると、次々と生まれ変わる細胞を進化させることが可能ということになる。それには時間をかけた訓練と頭の中にイメージを作ることによって、体中の細胞を化学反応させ、進化を与える。それは時間の概念と同じ効果となる。

確かに一流のスポーツ選手は自分の体を進化させている。そのことが生物学的にも証明できるのである。努力次第で頭と体の中から美しく変身できるということだ。時間は戻らない、今できることを最大限に成し遂げたいものだ。

ライトとコルビジェ

アメリカの建築家フランク・ロイド・ライトは波乱万丈の人生を生きた人間だが、彼の作品「落水荘」（現存）は荘厳で美しい（図表・107参照）。また、ライトは有機的建築ということを提唱して、現代建築の母とも言われる。日本でも旧帝国ホテル（明治村に一部移設）や自由学園明日館（みょうにちかん）（現存）などの設計者としても知られる。

落水荘は別荘として建てられた。森林を流れる渓流の滝の真上に迫り出したバルコニィーが特異である。周辺の自然石を積み上げた暖炉のデザイン、インテリアには渓流にあった岩石がそこにそのまま、適度に露出している。ライトは浮世絵の収集家としても有名である、日本の文化・芸術にも深い造詣があった。日本建築の特徴でもある、自然環境に溶け込む空間をつくりだしている。自然のなかに身を投げ出しているかのような錯覚に囚われる空間である。

ライトのいう有機的建築とは、自然のなかに人間と建築が融合しているということだろう。まさに日本建築の真髄を言っているに等しい。

フランスの建築家ル・コルビジェは現代建築の五原則を唱えて、現代建築の父ともいわれる。コルビジェの言葉に「住宅は住む機

図表・107：落水荘

（『住宅巡礼』中村好文著　新潮社）

械である」というのがあるが、これほど時代をあらわした言葉はない、ル、コルビジェは十九世紀の終わり一八八七年に生まれ、一九六五年に亡くなっている。産業革命が始まってテクノロジィの最も進歩し続けた時代を生きた人らしい言葉だ。日本では上野の西洋美術館（世界遺産）の基本設計を手がけている。日本人の弟子も多い。筆者もその流れの中にいるが、ライトの作品もかなり研究した。

パリ郊外にあるサボア邸（図表・108参照）はコルビジェの現代建築の五原則を具現化した住宅だ。横長連続窓、ピロティ、屋上庭園、自由な平面、自由な断面が五原則であった。今でも色あせていない理論である。

西欧の建築は組積造（そせきぞう）で窓は小さく縦長であった。これを鉄筋コンクリートという新しいテクノロジィーをつかって横に長い窓に変換した。また、ピロティは車というモータリゼーションと人間に地表を開放しようというコンセプトである。今では当たり前だが、革新的なデザインであった。

ライトとコルビジェの考えは現代ではまた違った言葉となろう。生物としての人間の住む機械であるし、快適性や癒しも必要であろ

図表・108：サボア邸

（撮影　筆者）

う。生活は変化し続けてゆく、将来も変化し続けていく。今やるべきことは、化石燃料を使わない生活空間をつくることだ。

丹下健三と吉村順三

世界の二人の建築家を比較したが、日本の代表者の二人は丹下健三と吉村順三で、それぞれコルビジェとライトに影響されて建築家となった。

世界的な建築家・丹下健三の作品は世界中に造られているが、国内では広島の原爆ドーム（世界遺産）と原爆資料館を軸線（じくせん）で結んだことで有名な平和記念施設や一九六四年東京オリンピックで使われ二〇二〇年でも使用する予定の国立屋内総合競技場（国立代々木競技場）や新宿の東京都庁舎、東京カテドラル聖マリア大聖堂などが有名である。

その設計思想は「要求される空間の機能性を追求して、美しいまでに造形する」ことに生涯をかけたと言っても過言ではない。その作品は高く評価され、特に広島の平和記念施設や国立代々木競技場（図表・109参照）などは世界遺産としても価値があるように思う。

一方、フランク・ロイド・ライトに魅せられた吉村順三は住宅の

図表・109：国立代々木競技場俯瞰

（『丹下健三　伝統と創造』）

設計において、その才能を発揮したように思う。住宅に関して、中学生の時に新聞社が主催した住宅コンクールに入選したくらいだから、空間の細部に至るまで、感性が行き届いたものであった。特にみずからの軽井沢の別荘や自宅の設計などは、多くの後進の建築家の参考となって、建築学科の学生の教材となっている。

丹下と吉村の設計思想は大きく異なっているようにみえるが、機能性を追求した先に獲得した「美」である点において共通している。違う点は「設計者の視点」であって、丹下が主に「都市的な俯瞰(ふかん)する視点」であったのに、吉村のそれは主に「みずからが椅子に腰かけた視点」であった。

京都東山別荘群

明治時代になると、京都の東山の南禅寺辺りに政治家や豪商の別荘が建つようになった。新しい産業が興り、巨額の利益を得た企業主が庭園と建物を一体にした別荘づくりがブームとなったのだ。

琵琶湖からの疏水が導入され、発電事業が開始された場所で、その水を利用した「自然と共生した庭園と建築」が造られた。巨額がつぎこまれた庭園と建築とはいえ、それらを見ると、日本人の理想の家の姿があるように思える。

特に、一九〇六年から京呉服商・市田弥一郎によって造られた「対龍山荘(たいりゅうさんそう)」は当時来日中であったフランク・ロイド・ライトに影響を与え、「落水荘」の計画につながったと考えられる。

また、これらの別荘群は現代まで維持されて存続しているが、その持ち主は企業論理に従って、庭園と建物を維持できる企業に移り続けている。

中庭と坪庭

人間にとって、快適な空間をつくるのが筆者のもうひとつの仕事になっている。そのなかでも中庭と坪庭の持つ空間の面白さに惹かれている。建物の一部にある外部空間は、ある一種の絵画のように、切り取られた空間としての存在感がある。そこに植物があれば尚いいが、何もなくても四季や時刻の移り変わりを確実に感じさせてくれる力がある。

西欧の建築や大規模な建築などには、中庭、坪庭が常套手段のように登場してくるが、小さな建物にはなかなか見られない。しかし、実際には人の身近にある空間にこそ、潤いと癒しのある外部空間が必要と考える。また、外部空間と言っているが、小さな建物の内部にある中庭、坪庭は半外部的な空間と言えよう。内部空間の広がりと感じられる場面が多々あるように思う。そのような半外部的なアメニティ空間のある自作を紹介しよう。

○ミレニアム・コート

この建物は集合住宅のオーナーの家であって、一階は自営の喫茶店、二、三階は賃貸住宅で四階が自宅になっている。階段と専用のホームエレベーターで家にアプローチする。施主の要求は光と風を感じる家ということであった。フラットな最上階の真ん中に中庭を作る案を提案して実現した（図表・110参照）。

家の中央の中庭は各部屋に光と風を供給する。そのことによって、施主の要求に答えると共に、四季のある空間をつくることができた。玄関、居間・食堂など様々な場所から中庭が感じられ、形のない空間が家の中心になっている。そこが床の間であり、自然と共生する日本建築のよさを引き出していると考えている。ここでは設計者の言葉より施主の文章があるので紹介したい。

「四角い空のある家に引っ越した。というのは中庭から見上げると屋根が四角く切れており、そこからずーんと無限に抜けている空があるというわけだ。平面とも立体ともつかぬなにも無くてただただ青い空を見ていると、このまま宇宙の塵か花びらかになって浮き上がるか浮き沈むかしても納得できてしまうような気分になってくる。（中略）四角い空というのは何と言うか粋なもので、水平線にも地平線にも山の稜線にもビルの林にも接していない。雲が流れ星が瞬き月が渡ってゆく。灰色に変われば、雨が落ち雪が降る。空とじかに繋がっている気分になる。それが建築の方法によって生じた錯覚であり、密集した都会のなかのちっぽけな満足だと分かってはいても、その恍惚に身をゆだねたいと思ったりもするのである。

（風嘯二〇号「空と本棚」田中史著より抜粋）」

○玄蕎麦「もち月」

この建物は郊外（町田市小川）の住宅地の大きな交差店近くにある。三階建てだが二、三階は住居となっていて、一階が蕎麦店になっている。この建物は道路に面して玄関がない。正面一階に屋根のある路地状の通路があって、お客はここでいいのかどうか迷いな

図表・110：ミレニアム・コート中庭
（撮影　A to Z）

がら、そこを入っていく。ほんの一瞬の通過時間、暗いトンネル状の路地を前にある中庭を見て進み、ぽかりと空いた錆竹の植わる白砂の中庭に入って、ああここが入口なのかと認識する。そして、その庭を見ながら蕎麦を食べるという趣向となっている。（図表・111参照）

やはりここにも切り取られた空間のみがある。トンネル状の建物の空間と四角い空のみの空間の組み合わせは単純だが、どきりとさせるなにかがある。中庭の形にならない、なにもない空気が、トンネルを抜けたら塊の空気になっていたとでも言おうか。その塊の空気はローマのフォルムと同じ空間認識となっている。

これは京の町家などの路地や中庭の手法に似たところもあるが、やはり下足で移動するローマの住宅や中東の住宅の中庭の手法であろう。

郊外の住宅地で、店の入口を道路に面さない方法とするのは施主も勇気がいただろう。人通りの少ない場所でふと入るということがほとんどなくなってしまうからだが、結果は逆であった。うまい蕎麦を食べさせることもあったが、口コミで一気に人気店になってしまった。開店した年にはテレビや雑誌で紹介されるようになった。

図表・111：玄蕎麦「もち月」
店舗内から中庭を見る

（撮影　中島建設）

考えてみれば、知らなければ入らない場所にある店であって、口コミの力を思い知らされた出来事だった。特徴のある空間もそれに一役買っているとしたらうれしいことだ。

○柴又の家

帝釈天の近くに土地探しから協力して建てた戸建て住宅である。普通の若いサラリーマン家族の家で、土地の面積一八坪（六〇平方メートル）のなかで寝室三室、納戸二室、リビング、ダイニング、キッチン、浴室、洗面所を設けている。土地とコンクリートの建物を合わせたら、高級な集合住宅が買える金額だ。しかしあえて戸建てにこだわっていた。

土地探しから協力したと言ったが、日本の不動産取引では土地の地盤調査項目は提示していないのが普通である。鉄筋コンクリートで建てる予定であったので地盤がよいほうが安くできる。また、地盤が悪かったら木造で建てることになってしまうくらい基礎工事は高価だ。しかし、運よく他から周辺の地盤情報が手に入り、なんとか鉄筋コンクリートで可能な地盤の土地を入手できた。情報収集の方法を知らなければできないものであった。

戸建てにするとしたら一般的には狭い土地に三階建てとなるが、中庭を設けることが出来た。これは駐車場の上に網目状のグレーチング（側溝の蓋で隙間があるもの）を張って庭のようにしたものだ。中庭である駐車場の上のグレーチング部分を建物の範囲に含めずに、建築基準法の建ペイ率六〇パーセントで許可されるものとした。工夫が実ったがこれも裏技であった。

二階に上がっていくと、ほとんど土地の広さ一杯のリビング、ダイニング、中庭の大きな空間に出る。これは土地の面積一八坪とは誰も思わない空間であろう（図表・112参照）。ここでも三方を壁で囲まれた空気の塊の空間が主役となっている。

　Ⅲ章にも書いたがこういうケースでは収納やものの処置においてスマートに生きることが大切だ。むやみに物を増やさないことが重要である。筆者の好きな建築家ミース・ファンデル・ローエは「Less is more」と言った。少ないものはよりよいと直訳するが、シンプルなものほど美しいと考えたら、桂離宮や日本の古建築をイメージする。そうなのだ、西欧の建築家の心の中には、桂離宮などの理想の空間が潜んでいる。西欧の家具に占拠された空間ではないものが日本にあったのである。日本に元々あるものを大切にしていきたいと考える所以でもある。

自然素材の家

　筆者の自宅を新築することになった時に、最初に考えたことは環境であった。どのような環境に住むか、老いの時間を過ごすことは、一日中その空間にいることで内部空間が重要になる。

　そこで考えたのが、地震や災害の少ない場所で、田舎のようで便利な場所であった。そして、近い将来の足腰の衰えを考慮すると平(ひら)屋(や)建てがよく、内部空間を自然素材で造るという考えに至った。

図表・112：柴又の家　室内と中庭

（撮影　増田寿夫）

しかし、これが意外に難しいことが判明した。なぜなら、それに対応できる大工さんが極端に少なく、そのような工事を専門に行う工務店も少ないことがわかったからだ。

また、安価な自然素材となると間伐材を使わざるをえないが、この間伐材が他に使われる用途がなく、大量にあることもわかった。念のため高価な自然素材とは、伊勢神宮などで使われる檜（ひのき）の節（ふし）の無い材料などをさす。一般的な材料は化学的な接着剤で張り付けたものが多く、臭（にお）いが異なる。

結果として、古代からの伝統木造架構技術を使って、自然素材で内部空間（図表・113参照）を仕上げ、完全外断熱工法で造ることができた。程度差こそあれ、工事金額に見合った夏涼しく冬暖かい家ができたと思う。小さな中庭を越した先の借景を眺める場所もあり、老後も安心とかんがえている。

筆者なりのアメニティ空間を造ったことになるが、二〇年前であったら、また違った結論となったであろう。時間と空間から逃れられないという話だが、人間の嗜好や考え方も変化するのである。

図表・113：自然素材の空間

（撮影　筆者）

八. 空間構成から「日本的考える力」を解明する

1　世界と日本

世界と比較すると日本という国は環境や文化面において、本当に特殊な国なのだと感じる時がある。しかし、日本にいると「これが標準で普通なんだ」とつい思ってしまう。外国で長く暮らしている日本人が「外国に来て日本のよさをあらためて感じるようになった」とか「物事を違った面から見られるようになった」とよく話す。裏返せば「日本にいた時には日本のよさを強く感じられなかった」のであり、「物事を客観的に見られなかった」ということである。

わたしも日本各地を旅行するのと違って、大陸では万物が大きく異なるように思う。北京の北西にある万里の長城を抜けると岩山ばかりで草木のあまり生えていない地帯が延々と続く。荒涼とした荒地で暮らせば感性は異なると実感できる。考え方も異なって不思議はない。

外国に行ってみなければ、日本の里山のような四季があって生物多様性の豊かな環境は他にはないのだと理解できない。おそらく何万回も映像や言葉で説明されてもわからないだろう。古代から現在まではそれでよかったが、日本が如何に独特であるか認識しなければならない時代になってしまった。

外国で暮らす日本人が語るように、日本で暮らす日本人には物事を客観的に見られない可能性がある。そのことからも「物事を認識する」という点においても特殊な民族（日本列島で暮らす人々）かも知れないと思った。認識することから人間の思考が始まるが、最初からすでに世界と違っているなら、物事は大きく異なっているはずである。

そこで日本の家の空間構成や古代からの日本の宗教である「神道（しんとう）」の神域を研究することによって、「日本人の物事の認識方法」を浮上させてみようと思う。なぜ家や神域かということだが、それらは古代から連綿（れんめん）と続き、根源的でわかりやすいことが理由である。また、わたしが建築家であって空間構成に興味があった。

環境を認識し、それに対応しようと考えて家を造り、神の存在を認識したからこそ神を祀（まつ）り神域を設けた。その空間構成が他国と異なっているのだから、そこに独特の「日本的考える力」が存在している。

先に結論を言えば、家の空間構成や神道の神域は独特のもので、他国ではみられないものであった。大陸や他の地域に比較して最も異なるものはこの日本列島の環境だから、それに影響を受けた日本人が家を造り、神域を設けたのである。その証拠に八百万（やおよろず）の神の御神体（ごしんたい）は山や岩という自然環境そのものであることが多い。日本列島の環境をそのままに受け止めた（認識した）からこそ、それを生かして家を造り、神域を設けたといえる。

人間は認識と同時に考えるわけだが、その認識方法が最初から大陸や他の地域と異なっている日本では文明のあり方が他と異なって当然ということになる。そこには「日本的考える力」が働くはずで、よいことも悪いことも引き起こす原因が存在している。

それはどのような力なのか。解明するには西洋哲学の助けを借りて、「主観・客観」の哲学者ルネ・デカルトまで遡（さかのぼ）った。結果として「日本人の物事の認識方法」および「日本的考える力」がなにか解明されたと考えている。それは日本人の長所と短所を教えてくれているが、今後の日本の進むべき道標も示している。

キリスト教やイスラム教は一神教であり、それらを信仰する地域では神の存在も家も都市も日本とはかけ離れた違いがあるが、産業革命以来インフラストラクチャの構築技術が世界標準化した結果、どこの国も表面的に変わらないように見えてしまう。

それに惑わされずに、日本の長所と短所を見極めなければならない時代が来てしまった。なぜなら日本の前に手本となる国は存在しないからだ。古代から現在まで日本人は中国や朝鮮半島、イギリスやアメリカを手本としてそれなりに繁栄してきたが、少子高齢化を先進国で初めて経験する国であり、原発事故や家電製品の販売不振で技術開発力に自信を失っている。今が日本人の力を原点に戻ってみつめる時期ではないか。それには「日本的考える力」が何かを認識する必要がある。

「日本的考える力」は両刃（もろは）の剣（つるぎ）である。良い面も悪い面もある。それらの長所と短所を知ることによって、思考回路の悪弊を絶ち、新しい未来が開けることを期待してやまない。

2　家の空間構成の違いは思考回路の違いを表している

○日本の家の空間構成は昔から変わっていない

日本の家の空間構成や宗教における空間構成が世界と異なっていることによって日本人の思考回路が特殊だと推測している。なぜなら、家だけではなく、日本独特の宗教である「神道」も同様に日本列島の環境のなかから生まれてきたわけで、日本列島の環境に影響された人間の「考える力」によって家や神域が創造されたと思うからだ。

日本の家と神道における「神域」は空間構成が似ていると思う。日本人の思考回路は神道や住む家に現れていると考える方が自然であって、最も根源的な部分に日本人の心象形が眠っている。家や神域の形態から逆にその思考回路を解き明かすことができるかも知れない。

ただ、「考える力」という個人的にも異なるような課題となれば、日本人の傾向を科学的に証明することはほとんど不可能に近いと言わざるをえない。だが、民族的な遺伝子情報の傾向や血液型の分布にみられるように、なんらかの特徴を持っていることも否定できない。また、哲学的にも和辻哲郎（わつじてつろう）が著書『風土』で試みたように、人々の心情が風土や環境に影響されることも否定できないだろう。

日本の文化人でも、住宅のことを話題にする人はいても、それが日本人の思考回路に影響していると言う人はいないのではないか。日常生活のなかで家の影響を受けていると発言する人もほとんどいないように思う。ほんとうにそうであろうか。文化人類学でも住居の形態は文化の重要なバロメーターではないか。この住居の形態に無関心なことにこそ日本人の思考回路のすべてがあるように思った。

当初から靴を脱いで生活する違いはあっても、他国とはそんなに異なっていないと考えていた。居間や食堂は椅子式で家具を置いて生活する習慣は明治維新によってもたらされたものだが、客間や茶の間の変化したものと考えていた。

畳に正座する習慣から椅子に腰かける変化を重要視したが、それは大きな問題ではなかった。むしろ変化しなかったものが重要であった。玄関というゲートを設けて靴を脱ぎ、廊下を通って客間（居間や食堂を含む）に至り庭を眺める位置に座ることが最も大切にされた空間構成であった。

これは日本文化が創生された平安時代から続く様式であって、現代に至ってもなくならない空間構成であった。貴族社会では庭園とつながる室内空間の「しかけ」のなかで日常がおくられていた。かつて足利（あしかが）

義政が造営した銀閣や八条の宮智仁親王の桂離宮の空間構成などが現在でも見られる。そこでは和歌や日記など日本文学も重大な役割を持っていて、自然のありさまが綴られ、特異な文学を形成していた。それは『百代の過客』（ドナルド・キーン著）の述べる如く日本文学の特徴である「私小説」の温床だったのである。

その空間構成を平安時代から現代まで後生大事に守ってきたのは何故なのだろうか。守り通したものこそ日本人を表すものではないか。その空間構成が日本人に影響を与えていないはずはなかろう。そう考える方が自然である。

○日本の家は主観的感性を大切にした空間構成をしている

世界との差を比較するにあたって実例を挙げて説明するのが筋なのかも知れないが、空間構成は一枚の写真ではわからず、上空から俯瞰しなければ理解が難しいので概念図を提示することにした。

日本の家の空間構成は、集合住宅や戸建住宅であっても、おおよそ（図・1）のように表されるであろう。玄関が独立した空間となっていて表と奥を仕切り、扉や廊下などを通過して主空間に至る。主空間は奥座敷やリビングで庭と連続している。

玄関は庭と連続した主空間を守るゲートと考えれば、日本列島の自然に囲まれた主空間は安らぎに包まれた秘めた空間となっていることに気づく。感性豊かな空間を個人的に享受できるように造られていると思われる。

このような家から見出す思考回路としては「主観的な感性」を重視しているわけで、日本の家は「主観的な空間構成」としてよい。玄関の存在と庭と座敷などの主空間の結びつきは独特であって、明らかに思考した結果を表している。「主観的な感性」が「主観的な空間構成」を生んだことは明白である。

　日本以外の文明国における家の空間構成はどのようであろうか。（図・２）に示したが、日本の玄関にあたる入口は内部や外部にかかわらずホール的な主空間に設けられている。欧米ではそれがリビングであり、中国の四合院では中庭（院子）となっている。周囲には従空間の個室などが配置されている。産業革命以前の主空間は中庭状の外部空間であった。日本人なら建物が大切と思うようだが、この何もない空間こそが重要で建物によって切り取られた空のスペースに意味があった。

　古代ローマのポンペイの庶民住宅でも入口は中庭に設けられて、中庭の周囲には個室やリビングが配置されている。入口から他の空間を認識できるようになっているのだ。

　明治維新以来の西欧に習った建築設計の基本においても、公共空間ではホールを設けて、入口から階段やエレベーターなどの機能を容易に見渡せることが大切である。それが物理的に視覚的にも合理的な設計といえる。

　他の国では住宅でも合理的になっているとしてよく、その意味で

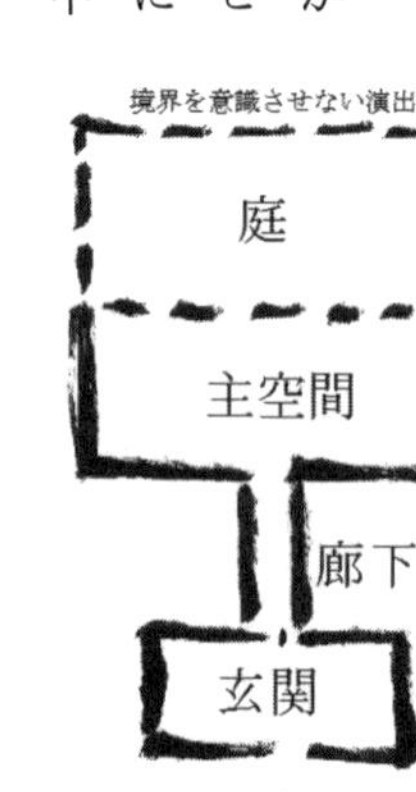

図・１：日本の家の空間構成

主空間
従空間
従空間
入口

図・２：世界の家の空間構成

も広場を中心として、市庁舎や教会をそこに集める西欧都市の形式は合理的である。都市も住宅も見通しの良いスペースを中心とした、わかりやすい配置となっている。家においても全体を見渡すことが可能な配置となっていることから思考回路を見出すならば、「客観的な空間構成」というしかないだろう。日本のそれと比較してあざやかな対比を示している。

日本の家の空間構成が客観的でないことが見て取れるわけだが、人間に影響があるかどうか定かではない。わたしは全体を見通せない箱の中に好んで住んでいる影響は論理的な部分に出ると考えている。なぜなら、日本人が環境や家の影響力について無意識過ぎるからだ。それは主観的な人間の特徴を表している。

その主観的な感性の欠点はなんであろうか。概念図を見ればおおよそ家の間取りを理解できるが、家の中に入って見る視点からは全体を見渡すことができない。玄関から中が見えず、とりあえず廊下を通っているが全体のどこに自分がいるかわからない。座敷などの主空間から全体を見通すことより庭の草花を鑑賞することを選択している。日本人は日常的に全体を見通せない箱の中で安住する傾向があるのではないか。箱を家だけでなく日本列島とすれば様々な事象を説明できる。

○よくわからない日本の家

ここで日本家屋における玄関の機能に対していくつかの疑問が浮かんでくる。靴を脱ぐためだけに玄関を設ける必要があったという疑問だが、同じく室内で靴を脱ぐ習慣のある朝鮮半島では玄関を設けずに、中国の四合院的な中庭を設けて視覚的な合理性を優先している。日本においてもそれを見習ってよかったはずだ。そうならなかったのだから、やはり、表と奥を仕切る空間であったと考える方がよいだろう。

また、玄関はゲートであって、尋ねた人を玄関払いしてもよい空間で表と奥を区別する目的を持っている。これは建前と本音を分けるものと長年言われてきたものだが、そうではなく、仕切りであって、視覚的に「奥」を見せないために設けたものと単純に考えた方がよい。なぜなら、建前と本音などは立場が異なれば、どこの国でも同じであって、日本独特のものではないからだ。空間構成が日本独特なら、その理由もまた日本独特のものでなければならないだろう。

日本の家の空間構成は玄関から全貌がよくわからないように設定した家なのだ。欧米人が「日本人はよくわからない」と言うように、家が思考回路を表している。日本は家までもよくわからないといえる。少なくとも物理的視覚的に合理的な空間構成の家ではない。

3 「神域」と「広場」の空間構成は宗教と思考回路の違いを表している

○神道と日本列島

日本の家の空間構成は世界と比較して異質だったが、同様に神道ほど世界と比較して変わった宗教はない。宗教学者の島田裕巳による『神道はなぜ教えがないのか』においても「神道が日本という国にしか存在しない土着の特殊な宗教であることは間違いない」となっている。

仏教は途中から「成仏（じょうぶつ）」を発明して、死後の世界を扱うようになって日本に根付いたが、キリスト教もイスラム教も日本には定着しなかった。キリスト教とイスラム教の伝播（でんぱ）はすさまじく、家の中で靴を脱ぐ習慣のある韓国では半数以上がキリスト教徒となった。仏教は朝鮮半島からも伝わって来たのであり、儒教（じゅきょう）思想に染まっている国なのにキリスト教に押されてしまった。他国も似たような経緯（けいい）を辿（たど）っていることから、神道が消滅しなかった理由は重要である。

朝鮮半島や台湾において日本の統治時代に神社を造営し、日本語の教育までおこなったが、神道は定着しなかった。それらを考えると、神道が日本にしかない理由は非常に重要な意味があり、日本人の根源を表している。なぜ神道なのかという問こそ、その謎に迫るものである。

○家と符合する神道の神域

わたしはこの神道の神域の空間構成が家の空間構成と奇妙に符合することに驚いた。伊勢神宮や出雲大社などに代表される「(図・3）神道の空間構成」を見ると、鳥居から入り参道を通って本殿に至るのだが、鳥居が玄関で参道は廊下や扉であり、本殿は客間などの主空間となり、家の空間構成と同じである。主空間に接する庭はご神体の自然空間とすれば、ぴたりと符合する。

鳥居や参道から本殿を望めないことも、家には玄関があって庭を見られないのと同じであって、途中の空間で自分がどこにいるかも認識できない。全体構成を理解できない設定も家と同じとなっている。

なぜこのように自然空間を重視した空間構成なのだろうか。その

図・3：神道の神域

答えは「日本列島の自然環境をそのまま受け入れる形」となっているからではないか。神域のご神体は自然そのものであるから家の庭も同じであろうとしている。日本人の理想は自然と共生することなのだ。それだけ日本列島の自然環境は素晴らしく、生物多様性の豊かな環境ということがいえる。「自然環境をそのまま受け入れる」という特徴がわかれば、いくつかの謎が解明される。

そのように解釈すれば、神域や庭を可能な限り広がりを持たせようとする作庭の説明がつく。借景などを利用して無限に庭が続いているように見せれば、自然と共生できるからだ。桂離宮や修学院離宮などの作庭もこのようになっている。

家の主空間と庭の結びつきや神道の神域から浮かび上がる思考回路は「八百万の神と共にあり、自然のすべてを受け入れる」ことではないか。おそらく世界のいかなる地域の人々の持ちえない精神であり、他国語に翻訳できない思考回路であろう。

「受け入れる」とは単に受動的に認識することではなく、アイデンティティとも異なる思考回路である。比較をせずに客観的にも考えずに、そのままを認め、共に生きることである。それは自然に対するだけでなく、他に対しても同じようにする可能性があるとすれば、日本人の思考回路を言い当てているように思う。それが「日本的考える力」であるならば、明らかに両刃の剣である。客観性のなさに加え、そのまま受け入れてよいものも悪いものもあると考えねばならない。

○西欧の広場も家と同じ空間構成をしている

神道の神域は秘められた場所になっているが、西欧の都市や宗教施設は反対にとてもわかりやすくできている。主要な建物は広場に面して建てられているからだが、ギリシャのアテネにある政治の中心地アゴラも広場が中心となっている。都市の成り立ちからそのように造られているわけで、合議制の政治が広場で行われたことがその発端であった。

「(図・4）西欧の広場」には教会が建ち市庁舎なども広場に面するのが一般的となっている。広場を中心として、市庁舎や教会をそこに集める西欧都市の形式は合理的である。都市も住宅も見通しの良いスペースを中心とした、わかりやすい配置となっている。

不思議なことだが、西欧の広場の空間構成も彼らの家の空間構成と符合する。広場はまさに入口から入った主空間なのだ。そこからは全体を見回すことができ、その他の機能を明確に確認できる。

家も神の施設も都市も物事も、こうあらねばならないだろう。そこには無駄な回り道もなくストレートに目標に向かえ、序列もつけやすい。ギリシャの時代から広場は議論をする場所だったのだ。このような思考回路を身につけて暮らしているとしたら、日本のそれとは大きな違いではないか。彼らの都市や家は合理的な空間構成をしているのである。

その思考回路を表現すると合理的な精神ということだが、物事を

図・4：西欧の広場

客観的に捉えるという考える力が働いている。家と同様に都市も宗教施設も「客観的な空間構成」をしているといわざるを得ない。

主観的な日本と客観的な大陸や他の地域の差異から生ずる出来事は明らかに歴史に残っているであろう。そのことをあらためて問い直す必要があるが、それらだけではなく絵画や文学という芸術的な面において、顕著に違いが表れているのも興味深い。

4 「日本的考える力」とはなにか

○デカルトの懐疑前と懐疑後

問題がようやく絞られてきた。日本人の思考回路が主観的傾向であることが家の空間構成の比較から察することできた。また、神道の神域や家の主空間と庭の結びつきから自然と一体になることを理想とした「自然環境をそのまま受け入れる」という、大陸や他の地域ではみられない思考回路を見出した。いままでのことから「日本人の物事の認識方法」を推測することができるが、そもそも主観的客観的な思考回路とはどのようなことであろうか。

先に述べたフランス生まれの哲学者ルネ・デカルト（一五九六〜一六五〇）の「心身二元論」の話が現代哲学を主に語る貫成人（一九五六年〜）による『哲学マップ』（ちくま新書）にある。貫は「主観・客観の図式」を使って説明している。

デカルトはキリスト教の学校で教育を受けた秀才であったが、キリスト教の知識であった天動説などが否定された時代で、すべてに懐疑を持つに至った。有名な「コギト・エルゴ・スム」とラテン語の発音で知られ、「われ思う、ゆえに我あり」と訳される命題を提出して、西欧哲学の根本的な思考方法を決定したといわれる。

貫の提出した図式はデカルトの「懐疑前」と「懐疑後」にわかれていて、「懐疑前」には両親や自然と共に世界の中に「私（デカルト）」も存在しているが、「懐疑後」には「私」が存在することによって両親や自然が認識されたとして、「懐疑前」の世界から外に存在している。「私」は世界の外から「私」の存在する世界を認識している。それを「世界・客観」としている。

○キリスト教の世界観と思考回路

貫の図式に宗教をからめればよりはっきりするのではないか。そのキリスト教を加えた世界観を（図・5）に示した。デカルトの信仰するキリスト教では創造主が世界のすべてをつくり、その経営を人間にゆだねたと旧約聖書に書かれている。デカルトが述べる如く、「私」は世界の外側に存在し、創造主と同じ側から客観的に世界を眺めている。有機的世界から脱して、客観という思考の無機的世界に入ったことを示している。その場合、思考は消滅することのない永遠性を獲得しているといえる。

主観より客観を優位においていることは確かで、おそらくデカル

図・5：キリスト教の世界

トが哲学的に規定する以前から客観的な認識というものがあったと考えた方がよい。創造主も人間が創りだしたものであれば、環境に影響された考え方の中から生まれたものであって、荒地をなんとかせねば生きていけない状況なら客観的な認識が必要であろう。

その客観的な視点から見るなら、冷静に全体を眺めることから始めるだろう。そのためには前述のごとく家や都市の主要施設を広場のような見通しの良い空間に配置した方がよい。すべてをそのように序列を付ければよいのだ。序列を付けるなら理由が必要で、それで発達したのが自然科学や議論かも知れない。自然のありさまを解剖したくなるのではないか。

ギリシャでは美の基準（黄金比）やアルキメデスの原理やピタゴラスの定理などが発見された。神のなすことには必ず法則があるという信念のもとに解明されたのだろう。

○神道の世界観と思考回路

神道の世界（図・6）はキリスト教世界と大きく異なる。神や自然と共の世界にある「私」はデカルトの懐疑前の状態にとどまっていて客観の状態ではない。家と神域の空間構成を他の世界と比較すれば主観的だが、「八百万の神と共にあり、自然のすべてを受け入れる」という他にはない思考回路を持つ日本列島の人々は「自然の深奥な真理」を感じ取れると考えられる。

わたしにはその「自然の深奥な真理」が神道の教義のようにみえる。いまだ誰も解明できていない教義を持つ日本独特の宗教が神道ではないか。デカルトの「心身二元論」では主観的な思考回路かもしれないが、身についた「自然の深奥な真理」を通せば宇宙の神髄にも到達しうる力があるように思う。

なぜそのように思うか。日本列島の環境をおいて他にはない。この列島は四季のある生物多様性の豊かな環境であって、縄文時代の三内丸山遺跡にあるように狩猟採集で定住できた環境であればこそ八百万の神が生まれたと考えている。定住によって愛着のある大地に暮らし、海や山河の恵みがいたるところにあれば、そのひとつひとつに神がいると思えるはずである。

その神は自然のなかに秘かに存在するように設(しつら)えるのであり、神道の神域は神秘性のある深奥な場所に設けられねばならない。「八百万の神と共にあり、自然のすべてを受け入れる」ことによって、家の主空間と庭が結びつき、神道の神域が山や海につくられたと考えられる。

神と人々の位置関係はどのようであろうか。愛着のある大地に暮らす人々は八百万の神と同じ世界に存在していると感じているはずである。その世界は有機的な世界であって、様々なものと関連性があると思え、意識としても環境と共生している。その点が有機的世界である。だが図にあるように、どちらにしても人間と神が同じ側にいることも不思議なことである。

界から超越したキリスト教世界と大きく異なり、文明の差異の原因であることも不思議なことである。

図・6：神道の世界界

以上のように考えると、他の国では土着の宗教からキリスト教やイスラム教に変化しているが、日本だけが神道を守り続けている理由が見えてくる。（図・5）（図・6）を比較しても違いは明確で、創造主がキリスト教やイスラム教に存在することとであろう。創造主の存在はよいとしても、日本列島の生物多様性の豊かな環境が神と思える人々には、人間に近い創造主の存在を深奥なものとは感じられず、当然ながらそれらの神が公衆の面前に堂々と存在することに違和感がある。

また、思考回路的にも主観的、客観的と正反対な傾向となっていることも、相いれない大きな理由であろう。一例にすぎないが文学の特徴がその差を説明している。

日本列島の生物多様性の豊かな環境はさらに四季もあって、その様々に移り変わる様子を眺めていれば主観的な感性となってゆく。なぜなら、客観的な思考では現実の豊かに移り変わる様子を春の次に夏が来て秋や冬と外側の視点で眺めなければならず、文章は散文的になるだろう。

しかし、主観的でなければ「もののあわれ」を感じ季語をひとつに絞った和歌や俳句は成り立たない。そのような主観的な文学が他の国で生まれなかった理由は日本列島の四季のある生物多様性の豊かな環境がなかったからと考えられる。

5　芸術的科学的側面から日本的思考回路を検証する

○「自然の深奥なる真理」が生む創造力

・有機的で主観的な思考回路が生むノーベル賞

日本人の思考回路の長所は歴史にあるごとく、「自然の深奥な真理」に沿った独特なものである。

二〇一三年の二月に工学のノーベル賞とも呼ばれている「チャールズ・スターク・ドレイパー賞」を金沢

工大の奥村善久名誉教授が日本人では初めて受賞した。携帯電話の通信網の発明によるものだが、現在の携帯電話の普及に欠かせない技術の発明であった。

通信網を細胞のごとく小さな基地局に分割することによって、微弱な電波でも多くの人が利用できる方法で細胞という意味の「セルラー方式」と名付けられている。発明の糸口も細胞のように小さいものが全体を動かせたらという「自然の深奥な真理」に沿ったものであった。

二〇〇八年にノーベル化学賞を受賞した下村脩博士もまた「自然の深奥な真理」に導かれたと思わざるを得ない。誰も考えもつかなかったクラゲの緑色蛍光タンパク質の発見は医学や生命科学に大きな進歩をもたらすものであった。

それはある細胞のなかに緑色蛍光タンパク質を忍び込ませ、体内での働きを外から観察できるものであった。それによって新薬の効果を視覚化するなど、今後の医学の発展に欠くことのできない発見となった。

山中伸弥博士のＩＰＳ細胞の発明を含めて他のノーベル賞の功績もすべて「自然の深奥な真理」に沿ったと考えてよいもので、「有機的で主観的な思考回路」の生み出すものとしてよい。決してゼロに至らない一ミリの百万分の一の単位「ナノ」の世界で日本人の活躍する場面が多いことからも推測される。

なぜなら、クラゲの緑色蛍光タンパク質はもちろんのこと携帯電話のセルラー方式の基地局などに共通するものは有機的な発想に基づくことである。ＸＹＺのデカルト座標の原点ゼロにならないところで発想する本能的感覚的なものが作用していると考えられる。「無機的な思考回路」ならば、原点ゼロとしたデカルト座標の次元に立ち、無機的有機的な双方を含んでしまう。思考は本能的感覚的なものを排除して論理的に進めねばならない。

自然科学の研究では、本能的感覚的なものがすぐれていた場合に比較して、「無機的な思考回路」を主体とした場合は明らかに遅れをとるだろう。有限である有機的世界は自然と共生している人々の世界観である。

クラゲの緑色蛍光タンパク質の発見やIPS細胞の発明の功績に「無機的で客観的な思考回路」であっても到達したかも知れないが、「有機的で主観的な思考回路」のほうが早かったのである。

もう少しわかりやすい話をすると。先の下村博士は武田薬品工業の研究員を目指すが、面接担当者から「あなたは会社員に向きません」と言われ就職を断念したと述べている。その話から、わたしにはマニアックな思い込みの激しい人間像が思い浮かぶ。わたしもそうであったが、建築設計という社会性のある仕事だったことが幸いして会社員になれ、いくつかのコンクールで受賞もできた。

その経験から顧みて、「有機的で主観的な思考回路」でなければ、マニアックな研究員になれず、「自然の深奥な真理」を感じないと思われる。日本列島に生まれて生物多様性の豊かな環境で育ったならば、本能的感覚的に神道の持つ「自然の深奥な真理」を感じ取ることができる。それが他地域とは異なった思考回路をもたらすのだろう。

そのように考えなければ、自然科学の世界において日本人が多くの発見を達成できている理由が見当たらないのである。他に原因があるかもしれないが、哲学的にわたしが提示した以上の根本的違いはないと思う。

・文明の差は思考回路の違い

わたしは「有機的で主観的な思考回路」や「無機的で客観的な思考回路」が文明の差を生むとしてい

る。それら文明の差が生じる理由だが、アフリカを出発点とした現人類は最初から地域差を持っていないわけで、違いを生じるのはその後に生息した環境の差しか思い当たらない。日本列島の環境が他の地域と大きく異なっていることによって、文明の大きな差となっているのである。

それを図に示せば（図・5）（図・6）の如く、みずからの存在する世界において「私」の位置が異なっている。この差が文明に現れているのである。詳細な説明は前述しているが、八百万の神と共に存在すると感じている人々には、明らかに有機的で主観的な「日本的考える力」が存在する。長所も短所もこの世界観によって引き起こされると思われる。

・ノーベル賞受賞者のある特徴から日本の将来を考える

神道の世界ではノーベル賞にはとどかなくても、将来的にそのような能力のある人間が多く育つ環境であることは確かである。しかし、ノーベル賞受賞者のほとんどが米国での研究成果であることから、マニアックな研究者は日本社会では生き辛いのではないかと思われる。

日本においては研究者である前に、下村博士のように「会社員である」ことを要求されるのである。皆に合わせることのできる、つまり「空気を読む」常識的な研究者が求められるのだろう。

そのようでなければ能力があっても、定職に就けずに新たな世界を切り開かなければならない。彼らは米国に渡って研究を続けて、ノーベル賞を獲得したのである。「和魂洋才」は明治維新に生まれた言葉だが、当初の意味と異なっても似たような結果となった。

それが日本のノーベル賞受賞者の象徴的な特徴であるなら、政府や企業や大学や研究組織が不明であっても、個々の研究者の努力によって達成されていることになる。組織は駄目でも個人の力は素晴らしい。

このことはある重要な意味を表しているように思える。

日本では○○名人と言って、一芸に秀でた人間を認める傾向がある。それらの名人は組織に頼らず個々に努力した結果であることが多い。先に述べたように、本能的感覚的に神道の持つ「自然の深奥な真理」を感じ取った結果で○○名人となったなら、個々の力に負うところ大である。

現在の技術開発力を失った日本企業は下村博士のような人間を雇わなかったし、生かせなかった恐れがある。スマートフォンのように日本企業を早期退職した人を雇った韓国企業に独自技術を開発され、市場を奪われたこともそれを象徴している。

つまり、組織の中で名人を育てなかった。育てられなかったとしたほうがよいだろう。ここ十数年来、市場や株主重視の方針で組織の論理を強くしてきた。それはグローバル・スタンダードといった米国などの論理に従ったもので、「有機的で主観的な思考回路」の人間がそれを達成できるとも思えない。結果的にもその通りで、みずからの特徴を理解せずに、成し遂げようとしても無理がある。

明治維新以来の産業革命から現在まで、まだその方法でもなんとか通用したが、はるかに高度な技術を求められる現代では、みずからの特徴を理解し、それを生かす必要がある。

これらのことから日本の将来を考えるなら、組織においても異質を排除せずに、能力のみを認めて「空気を読まない」人間を用いる必要を感じる。

後述する「主観的思考回路の負の連鎖」を考えると、組織という場において、主観的思考回路の傾向がある人間がどのような行動をとるのか明確にしておくべきであろう。

○「有機的で主観的な思考回路」が生む芸術的側面

・日本庭園の特徴

クール・ジャパンを代表する漫画やアニメは世界的にも評価が高い芸術的分野となる。過去においても、それに勝るとも劣らない浮世絵や桂離宮（図表・77参照、一三九頁）などの庭園があった。

庭園をつくる手法のことを作庭というが、その作庭が他国とは異なっていて、日本の庭園は家と同様な空間構成をしていることに気づいた。日本庭園は他国からも賞賛の的だ。なぜ賞賛されるのか。日本人でも理解している人は少ないのではないか。

日本庭園は日本人の自然観を素直に表しているに過ぎない。なにか特別なことをしているわけではない。日本列島という四季のある自然のなかで景観を模したりしながら、「もののあはれ」を感じられるように設定している。確かに他国とは相当な違いがあるが、日本人には当たり前のことなのだ。

作庭などから思考回路の違いがわかるのかという疑問も生じるが、広大な土地を庭園に変えるには膨大なエネルギーが必要で綿密な思考を要求される。例えば朝鮮半島の宮殿「昌徳宮」の庭園「秘苑（後苑）」や中国の蘇州「留園」なども日本庭園に近いが、似て非なるものであって、それぞれ独特の作庭となっている。作庭の違いはそこで暮らす人間の趣向によっているとしか考えられず、その差がどこから生ずるのかを探究したくなるのも自然の流れではないか。

パリのベルサイユ宮殿（図表・114参照）は広大な庭園をもっているが、宮殿のバルコニィからパースペクティブ（遠近法的）に全体を見通せるようになっている。樹木は幾何学模様に刈り込まれ配置されている。ベルサイユ宮殿の場合は境界を感じさせない広さを誇っているが、通常は塀によって明確に区切られている。

　それと反対に桂離宮などの日本庭園は可能な限り自然に見せようと努力している。全体を見せずに、樹木など障害物を手前に配置して前方を透かして見せる方法をとっている。庭の主空間には池が配置されているが、それは主に建物内部から眺める趣向になっている。また、庭全体は境界を感じさせずに、敷地の周囲を樹木で覆って全体が自然に溶け込む手法をとっている。

　この作庭が住居と同様な空間構成となっているのだ。入口の門から庭全体を見通すことは出来ない。玄関の機能と同じである。庭園内の通路は池などの周囲をめぐる回遊式となっていて、特に雁行形の通路は先を見通すことはできない。家の廊下と同じであって方向感覚をマヒさせる役目を持っている。その先に主空間の池などがあるが、そこは入口からは見通せない秘めた空間となっていることも家と同じだ。

　この差から思考回路の違いを探っていくなら、パースペクティブな作庭と「もののあはれ」を感じさせる作庭の違いなのであろう。

　パースペクティブな作庭とは遠近法的に焦点を明確にしたもので、すべてのものがその点に収斂していく。まさしくデカルト座標

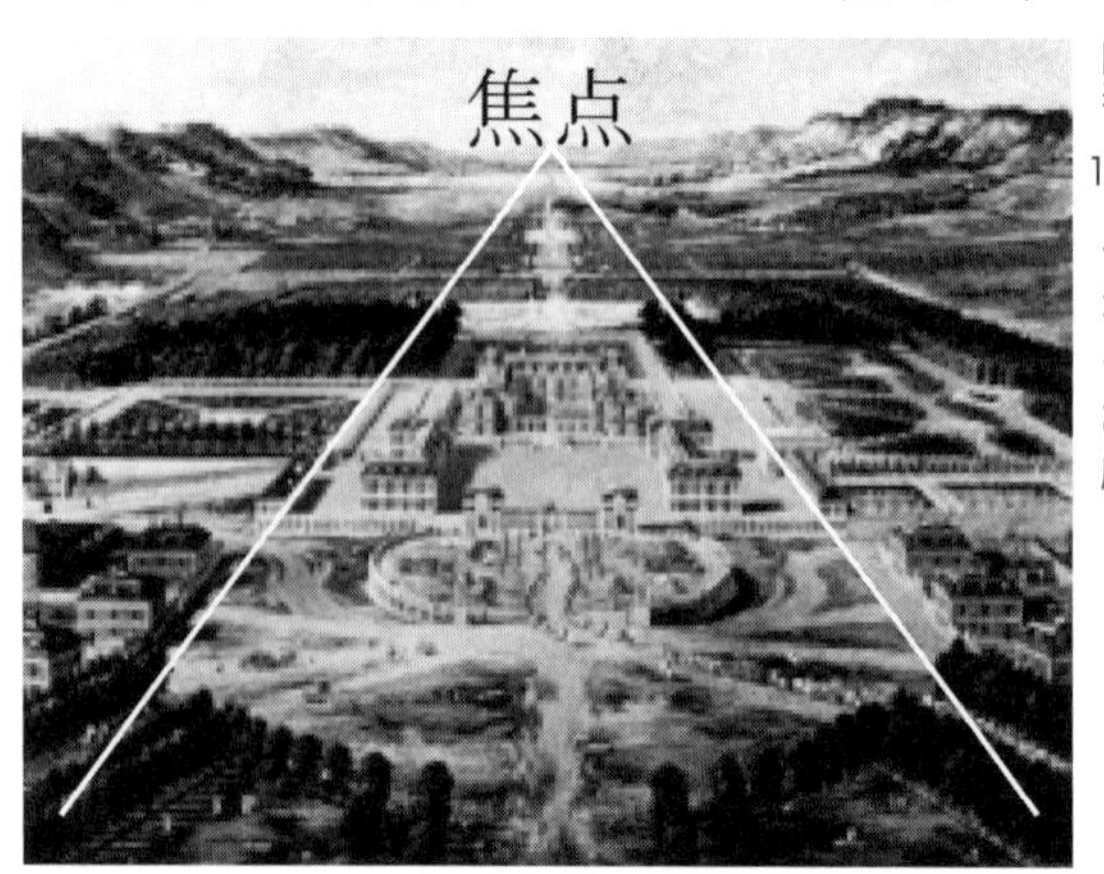

図表・114：ベルサイユ宮殿

の原点を思わせる。「無機的で客観的な思考回路」の産物といってよい。

「もののあはれ」を感じさせる作庭のねらいは四季のうつろいや人生のはかなさであり、主観的な感性を重要視している。西欧とは明らかな対比を見せ、「有機的で主観的な思考回路」である。

それぞれの国で家や都市と作庭が同じ空間構成となっていることが不思議だが、思考回路が同じなら当然のことだと言える。

家も都市も庭もそこに住む人間が求めたものであって、その環境に適合して生き、思考した結果が現れているのだ。結果から逆に「なぜそのようになっているか」を突き詰めれば、思考回路の通弊がわかる。
・日本の絵画や作庭や建築の根本原理は「透かして見る」ことだった
明治維新で西欧の科学を導入した時に、外国語にあたる日本語がなかった。当然ながらその科学自体がなかったわけだから、言葉は存在していなかった。

建築においても煉瓦や鉄骨や鉄筋コンクリートを使って建物を造ることを知らなかった。したがって、その技術を知ったうえで、その言葉から生み出さねばならなかった。その点中国などに比較してカタカナのあった日本は有利であったが、「レインフォース reinforce」は七文字で言葉が長く「鉄筋」の方が短く意味もわかりやすい。そのように翻訳にあたって造語が重要であった。

作庭の話にあった「パースペクティブ」は遠近法で焦点をもちいて視覚に近い描き方をする絵画の手法である。明治維新でそれを「透視図」と訳した。（図表・114）のように建築などの完成予想図で重要な図面である。わたしが建築学科の学生の頃はそれを上手に描くことに熱心で、「透視図」の言葉の意味には疑問を感じなかった。

今はその造語の意味に興味を覚えるのだが、建物などの奥行を表わすことに「透視」という字をあてたことが、日本の絵画や作庭や建築の根本原理を示していると思える。

日本の家は玄関を入っても奥行を感じられない設定である。作庭も手前に樹木などの障害物を置き、雁行形の通路などで先を見通せない。その奥行は透かして見るしか方法はない。それは現実的な物体の場合だが、平面的な絵画の場合も似たような手法であった。

数あるなかで最古といわれる『源氏物語絵巻』（図表・115参照「隆能源氏」平安末期）の『宿木』をみると、斜め上から俯瞰をしている構図で屋根を取り払っている。しかも逆遠近法とでもいえる手法で手前を小さく描き、奥にいる人間を大きくして絵巻物の天地の幅の少なさを補っている。

それらに共通することは、「奥行」を「透かして見る」ことによって表わし、「透視」をおこなっていることである。障害物を取り除き、目的のものを目前に取り出す手法である。この方法が他国と異なっているのだ。なぜこのようになっているか。感性も問題になるが思考回路の問題でもあると思う。

もうひとつ興味ある事実をみると、遠近法の描き方が輸入されて

図表・115：源氏物語絵巻　宿木

いた江戸末期の浮世絵師葛飾北斎の作品にある。『富嶽三十六景尾州不二見原』（図表・116参照）をみると、北斎は遠近法の焦点を使わずに手前に制作中の樽を置いて、その輪の中に富士山を描いている。見事に遠近法の手法になっているが、焦点を用いた画法ではない。他の『神奈川沖浪裏』（図・117参照）という題がついている作品だが、題は「浪裏」となっていて、大きく動く波の裏から透かして見ているという意識がみられる。そうであれば『尾州不二見原』も同じであって、つまり奥行は常に「透視」することと考えてもよい。

遠近法の描き方はすでに江戸初期にはわかっていたと思う。その根拠は京都龍安寺石庭にある。この石庭は一六〇〇年頃に造られたといわれているが、背後の油土塀を室内側から右に行くほど高さを低くしていて、より遠近を強調していることから「パースペクティブ」の画法を理解している人間の仕業（しわざ）と考えるからだ。ただ、これがメインではなく、かなり左側に寄った視点からしかそう見えないわけで、ちょっとした遊び心なのかも知れない。

どちらにしても、北斎の浮世絵は遠近法を利用したかも知れないが、近景と遠景を重ねただけで焦点のある画法で描かれていないと

図表・116：富嶽三十六景　尾州不二見原
（葛飾北斎）

いってよいだろう。

わたしの主張は「XYZのデカルト座標がもつ原点ゼロのような焦点という考え方がなかった」或いは「焦点を嫌った」ということになるのだが、「透かして見る」手法は「透明人間」のような、あまりにもご都合主義的な色合いが強いようにも思える。

「有機的で主観的な思考回路」だからゼロ原点がないという理由は先の論旨から容易に引き出せるが、「透かして見る」手法のように、手前にあるものをないものとして描く感性は明らかに主観的なものである。それが源氏物語絵巻のように手法となって、主観的な文学を引き立たすに十分な臨場感をもつことが不思議である。

なぜにこのようなことを思いつくのであろうか。日本人の不思議さを表す事実である。確実に言えることは遠近法のような焦点を持つ絵画は日本では生まれなかったのである。これだけは確かであって、「パースペクティブ」のもつ客観的な視点は今でも持ち得ていないかも知れない。

これは絵画の問題であるが、一般的に「パースペクティブ」のように全体を俯瞰する客観的な視点を持つことが苦手であるとしたら、どのような影響があるのであろうか。そのことは確実に歴史に

図表・117：富嶽三十六景　神奈川沖浪裏
（葛飾北斎）

残っているはずであって、日本人がその事実に向き合う必要を感じている。

6　日本的思考回路がもつ負の連鎖

○日本のリーダーたちにみられる「独善性と硬直性と不勉強と情報無視」

物事の判断は明らかに客観的思考回路のほうがよい。そのことに気づかねばならない。つまり、主観的空間構成の家から出てすぐに客観的思考回路で物事を判断できるかという疑問である。わたしはそうならないのではと思う。なぜなら歴史を辿ってみると「主観的思考回路」の弊害があきれるほど多い。

日本の近代史を研究する半藤一利は『日本型リーダーはなぜ失敗するのか』（文春新書）において、歴史的にみると日本のリーダーたちに「独善性と硬直性と不勉強と情報無視」が共通しているとしている。

独善性と硬直性は「私の考えは間違っていないし、人の意見は聞かない」わけで、まさしく「主観的な思考回路」から生じるものである。それゆえに不勉強で情報無視となる。過去の太平洋戦争においても「大本営陸海軍部は危機に際して、『いま起きて困ることは起きるはずはない。いやゼッタイに起きない』と独断的に判断する通弊がありました」と半藤が述べる如く、日本人は「主観的に戦った（『菊と刀』より）」のである。

現在でも3・11原発事故において安全神話のもとで危機管理がおろそかにされたことも、似た構図であった。半藤はさらに、昔もいまも共通してあるのは、「エリート集団による情報の遮断と独占と知らんぷりではないでしょうか。（中略）しかも、3・11の場合には、総理官邸、原子力安全・保安院、それに東京電力というエリート集団の間で、意思の疎通がまったくできていませんでした。そのバラバラさは昔の（中略）参謀本部作戦課そのままです」と述べる。

過去の歴史にも日本のリーダーたちの無責任さがみられ、現在も負の連鎖というべき状況がある。なぜそのようになるのであろうか。その原因はひとつしかない。リーダーたちの思考回路が共通しているのだ。他に理由があるのだろうか。状況も組織も違うのに、結果は同じ「独善性と硬直性と不勉強と情報無視」が共通している。

○主観的な思考回路の悪弊

客観的思考回路であれば、事故は起こるものと想定するだろう。地震や津波、台風や水害などの自然災害でどのような状況になるか考えるだろう。さらに操作ミスや火災など人為的な事故も起こると考えねばならない。そうであれば、原発事故で今回の原因であった全電源喪失という想定は最も重大な対応策であり、訓練を重ねなければならない事項であった。

その訓練は先の大本営陸海軍部と同様に『いま起きて困ることは起きるはずはない。いやゼッタイに起きない』という思考回路のもとで実施されることはなかった。安全神話などと他人事のような言葉を使っているが、明らかに主観的思考回路の弊害である。

原発事故に対して誰も責任をとらない。安全性の不備は指摘されていて、映像と発言内容も残っているのにそれが問われることはない。復興予算はあるのに使われない。それは官僚が国益よりもみずからが所属する省庁の利益を優先しているからだが、復興が進まなくても誰も責任をとらない。官僚は国家に忠誠を尽くす職責があるが、それに反していても問われない。「独善的で知らんぷり」を決め込んでいる。まさに「主観的な思考回路」の典型というべきものが集団で行われ、当然ながら自浄作用も働かない。

これらは過去の戦争に対する責任を軍部も政治家も官僚も国民も明確化してこなかった系譜と同じだ。「あやまち」を繰り返し、集団で「主観的な思考回路の悪弊」に陥っている。軍の上層部では陸、海軍大学校の同窓であったという理由で戦術や指揮の失敗の責任を問わなかった。

国民も他国民の言動に腹を立て、不信を抱いて武力を行使することを望んだのである。新聞などのマスコミもその風潮を煽った。対外的にも国民の対抗心が盛り上がった結果、戦争に至ったのである。

現在でも尖閣諸島や竹島にたいする情報は他国民を蔑視させ、国民に軍備増強を望ませる作用があるだろう。そのように「過去と同じ状況を重ねている」ことを考えると、日本人だけでなく人間は反省できないのだなと思わざるをえない。なぜ戦争が繰り返されるのか、昔と同じ主観的思考回路における負の連鎖が起きようとしている。反省のないところに未来はない。

重ねて問うが、なぜこのようなことになるのだろうか。わたしは主観的空間構成の家の影響が大きいと考えている。他に理由が見当たらない。その家で生活するのだから思考回路は主観的思考回路になっても不思議はない。それも悪いわけではないが、その状況を認識できないことが負の連鎖を引き起こしている。

日本人全員がほぼ同じ空間構成のなかで生活していることも異常なことだが、思考回路も同様なことになっている。それだからこそ異常な事態になっても、よく理解できないのだろう。太平洋戦争末期には「一億総玉砕」というスローガンがまかり通っていた。「日本人全員が戦って死ぬのだ」と思っていたことこそ異常なことであった。負の連鎖はいまも続いている。

7　身体的側面から日本的思考回路を検証する

○「有機的で主観的な思考回路」が生む身体の問題

「こころ」と「身体」は「有機的で主観的な思考回路」なら一体であろう。当然ながら「こころ」が優位に立っていることは明白である。そうでなければまったく困った人になり下がる。

「こころ」が「身体」を支配することを要求されるなら、この国で起こることはわかりやすい。精神で肉体を支配する例は掃いて捨てるほど出てくる。「根性」は強い精神力によって肉体を鍛えて、高い能力を獲得する方法だが、ひとつ間違えば「体罰」となる。日本の軍隊は「殴る」ことが日常化したが、それは精神力を鍛える方法という理由だった。

「切腹」は「身体」を捨てることによって「こころ」を優先させる方法である。日本の自殺率は世界で三位内に入るほど高いが、「自殺」も「切腹」と同じ意味を持つのだろう。様々な状況から脱出する方法だが、「こころ」が優先している。

太平洋戦争では「神風特別攻撃隊」という人間爆弾で戦局を打開しようとした。そのような戦略を立てる意識は「身体」は道具にすぎないと考えているのだろう。誰も反対する人間がいなかったから実行され、終戦の日まで続いた。その英霊は靖国神社に軍神として祀られることになっていて、本人も家族もその「こころ」をおさめざるを得なかった。

キリスト教の世界観（図・5参照）なら「身体」は「私」が認識している世界に残っていて、「こころ」は私の側にある。つまり「身体」を客観的に眺められる位置にいる。その場合「根性」というのは意味をもたない。スポーツでも科学的に解決する方法が模索され、最後は神に祈ることになる。

戦局を打開するなら、なにか科学的に方法を編み出さねばならない。日本の名人芸によって生まれた「零戦」という戦闘機は当初素晴らしい性能を誇って、向かうところ敵なしの状況であった。アメリカ軍はそれを打開するために、偶然不時着した「零戦」を修理して飛ばし、徹底的に弱点を追及して、「零戦」より性能の良いグラマンＦ６Ｆを大量生産して対抗した。「こころ」でも「身体」でもなく科学で戦局を打開したのである。客観的な思考回路とはそのようなものである。

以上の如く、日本人にとって体罰や特攻や切腹や自殺は最終的に「身体」で決着をつける方法である。「こころ」と「身体」の間でしか解決策を見つけ出せない思考回路となっているのだ。それなら日本人が「有機的で主観的な思考回路」の傾向が強いと言わざるを得ない。

解剖学者の養老孟司が『身体の文学史』（新潮選書）で次のように述べることはわたしの推論を後押しするであろう。

> 江戸以降の世界では、身体は統御されるべきものであり、それ自身としては根本的には存在しない。鴎外は『ヰタ・セクスアリス』を書くが、そこには身体は存在していない。あるいは、完全に統御されている。（中略）漱石に至っては、身体どころか、代表作は『こころ』ではないか。これはもちろん、偶然ではあるまい。身体の消失の裏は、心の優越だからである。
>
> （『身体の文学史』）

身体の消失自体は、一般的な文化現象ではない。むしろ西欧的な文化と、鋭く対立する点であろう。「こころ」が「身体」を支配し、「身体」は消滅しているということであれば、体罰や特攻や切腹や自殺は「こころ」の問題でしかないが、主観的思考回路は他に方法を思いつかないことに問題がある。ここでも「パースペクティブ」な視点がないことはとても偶然とは思えない。わたしには特攻という戦術の前にやることがあるだろうという思いが残るが、それができていればアメリカとの開戦はなかったのだろう。

考えてみれば、日本の指導者たちが「有機的で主観的な思考回路」で政治や経済を運営しているわけで、うまく行かなくてもなんの不思議はない。むしろうまくいったとすれば、そちらのほうが不思議である。

○体罰の思考回路

キリスト教やイスラム教世界においては世界の外から認識する客観的思考回路であって、身体から離れた無機的な思考をするような感覚がある。それと反対に神道の世界では身体という有機物から離れることはなく、さらに主観的思考回路が身体で決着をつけさせようとする。体罰や「しごき」は神道の世界における主観的思考回路の特徴と考えられる。

過去の切腹や現在の自殺は身体で決着をつけた結果であり、先の大戦における人間魚雷や特攻なども身体を抜きに考えられないわけで、日本列島では身体が重要なテーマとなっていることに気づく。

切腹や自殺はみずからの立場を守る最後の手段が身体を消滅することであった。また、人間魚雷や特攻は戦力で勝る敵に対抗するために身体を爆弾化して突入する戦術であった。

客観的思考回路であれば、切腹や自殺ではなく弁明や反論を試みて、それがかなわなければ別の生き方をすればよく、また戦力で勝る敵に対抗するには戦略を練り、兵器の開発や兵糧の準備をすることであって、それができないなら敗北を認めるしかない。

日本列島ではどうも昔からこのような思考回路ではなく、主観的思考回路であって、身体を消滅することによって状況を変えようとする力が働くようだ。アメリカとの戦いの最後に「一億総玉砕」というスローガンを掲げて全国民の身体を破滅に導くことをする。それが当然のように行われていたのであって、全国民が主観的思考回路に陥ってしまっていることの証明であり、身体を通して思考を組み立てようとする傾向がある。

なんでも身体で決着をつけようとするなかで体罰は必然的に発生することがわかる。体罰は戦争に勝つために考えられたと言われていて、日本が戦力的に劣っているために、兵隊ひとりひとりが精神的に勝つしか方法がないという理由のようだ。この思考回路が主観的であって、結果は惨憺たるものであった。兵糧もなく精神力で戦えという命令は異常で全く客観性のないもので、何十万の将兵の命がそれによって失われている。

なんでも身体で決着をつけようとする思考回路なら、スポーツの戦(たたかい)には体罰が必要なのだと誰もが思っているわけで、体罰を自分から進んで受ける選手も存在することになる。たしかに戦いの前に気合を入れることは重要だが、それは体罰ではないはずだ。

客観的思考回路なら、条件と対応策を考えるのだろう。スポーツならそれでよいが、過去の戦争においてどうして戦力的に勝っている敵と戦わねばならなかったのかが問われねばならない。だが、政府や陸海軍の上層部の仲間意識（むら社会）によって、検証もされずに現在に至っている。同じようなことで、おそらくこのままでは原発事故の責任も問われないのであろう。

客観的思考回路ならスポーツの体罰が意味のあることではないが、身体を通して思考を組み立てようとする傾向であれば「自己昇華」によって、みずからを高い精神性にもっていく方法もあるように思う。それが日本人の特徴であって、主観的思考回路をうまく生かす方法かもしれない。

仏教でも厳しい修行を強いる宗派もあり、身体を滅して生き仏になることが目標となっている。そのようなことから、おそらく主観的な思考回路の極めつきは「自己昇華」であろう。

神道であれば菅原道真や徳川家康は普通の人間であったが、それぞれ天神や神君と呼ばれる神となった。仏教は成仏を発明して、誰も仏に成れると説いた。仏教が日本人に受けいれられた理由は、成仏は都合がよかったことと神道に抱合される教義だったからかもしれない。生きている間は神道で死んだら仏教とうまく棲み分けができている。

先の大戦でも戦いで死ねば軍神になった。「靖国で会おう」が合言葉となっていたように、この国では神や仏に成ることが死ぬことである。死ぬことは自然に帰ることで、環境に影響されていれば、当然のことと思われる。このように日本人の思考回路は身体から離れることはないのであろう。

8　日本の未来へ

神道には「自然の深奥な真理」といういまだ誰も解明できていない教義が存在すると思う。わたしはその心を日本人が持ち合わせていると思っている。しかし、神道は日本列島でしか通用しないようなのだ。それは逆に思考回路が環境に影響されることを証明しているように、わたしには思える。

結果的に、家や都市や宗教の違いから日本独特の思考回路を見出すことができたと思っている。家の空間構成が平安の昔から変化せずに守られていることに驚いた。当然ながら哲学的に異なっているのだから、様々な事象が大陸とは別の形態となっていても不思議はない。

中国文明と西欧文明の産業革命にさらされながら、その根本的なものが影響を受けなかったことは驚きでしかない。そのことは明らかに思想そのものが異なっていることを示しているのではないか。

むしろ、世界共通のグローバリズムを無理に日本列島に当てはめて考えても、世界共通の結果が得られるとは限らない。化石燃料の枯渇が産業革命以降の西欧文明を否定しているように、西欧哲学の自然観は変更を迫られている。今後の地球環境を考えるならば、神道の自然観で行かねばならない。

哲学者の梅原猛（一九二五年〜）が著書『人類哲学序説』（岩波新書）で述べることも私の主張を助けている。梅原が東日本大震災によって引き起こされた原発事故を受けて「西洋が生み出した科学技術文明を批判しなければならないと思った」と言及する如く、西洋哲学を日本文化研究に応用してきた梅原にしても西洋哲学者の巨匠たちを批判し、「人類文化を持続的に発展せしめる原理が日本文化のなかにある」と結論づけざるをえないのである。

あとがき

私自身は大学を卒業してから、ずっと建築の設計畑を歩いてきました。そのなかでやはり、強烈で大きな経験をしたのは丹下健三・都市・建築設計研究所で青山通りにある国際連合大学の本部施設の設計と監理を担当したことでした。国連の施設という国際性とその地球規模に拡がる業務の重さを感じ、人類や地球環境に対して興味を広げる機会を得たことでした。

そして、独立後、その思索を国際設計コンクール「二一世紀の京都の未来」入選という成果に繋げることができました。その後、短い期間でしたが母校の東京理科大学や工学院大学で教鞭をとって、教育畑にも足を踏み入れてきました。また、現在は目白大学の社会情報学科で環境の話をしています。

そのことは人類や地球環境のことを研究し、話をしなさいという、大げさですが、見えない力を感じざるを得ませんでした。人生というものは面白いものだなと考える現在です。少し前までは本を書くということも具体的に考えていませんでしたし、このようになったことに私自身も驚いています。

大学の日々では、なかなか大変な講義と格闘しています。理系ではない学生が多いなかでいかに分かりやすく説明するかということに注意を払っていますが、準備と教育力の点で、まだ十分ではありません。今後努力する必要を感じています。そのためにも、理解を早めることの出来る本書の出版は重要でありました。

環境分野は人類にとって最重要課題でありますが、化石燃料の枯渇や温暖化など先々暗い話が多いことも確かです。しかし、可能な限り先の明るい話を見つけて講義をしてきたつもりです。それがこれからのエネルギーや都市、住居のことをまとめる力になったと感じています。

同時に、目白の学生達と関東周辺の博物館めぐりや愛・地球博覧会、明治村、九州太宰府、吉野ヶ里、長崎、沖縄、韓国ソウルなどと史跡や博物館を歩いて、見て、聞いて、考えてきました。その軌跡のなかで見えてきたものもあります。また、玉川上水から都市の水問題への視点を開いてくれたのは高校の恩師の小説がきっかけでありました。

なかでも、長崎では様々な渡来文化を見て、その先の沖縄でも琉球王国の成り立ちや盛衰を見るにつけ、本当に日本は鎖国をしていたのかという疑問を持ちました。鎖国は不可能だったのではないかと思い始めています。

沖縄では太平洋戦争の戦跡をあえて見ませんでしたが、その博物館で古来のものの数がとても少なく、戦争で喪失してしまったと聞き、沖縄の人々の被害と心情を思うと熱いものがこみ上げてきました。

このように疑問や感動が際限なく広がって行きます。学生達との旅は刺激的です。実際に見たり、聞いたりするということの力は大きいと再認識しています。学生達も後ではなかなか出来ない経験であろうと思います。知識を得て思考することは楽しいものです。

私自身の人生には建築設計と大学教育というものができました。そしてそれらを踏まえて、未来へ向けて明るい地球環境を築く方法を提言していくことが出来ました。本当にお陰様と感じています。このような機会を与えていただいた先輩諸氏及び皆様に感謝しなければなりません。また、様々な視点を開き、叱咤激励してくださった人々のお陰であるということも事実であります。この場をかりて感謝申し上げたいと思います。重ねて誠に有難うございました。

二〇〇九年四月

追記

本書は二〇〇九年に出版した『文明のサスティナビリティ』の在庫が無くなったため、この機会にデータ等を最新のものとし、授業で言及しなかった一部を削除し、また、使われるようになった部分を加筆して『文明のサスティナビリティ改訂版』としました。論調および主旨には変更がありません。

特に、二〇一一年の東日本大震災に伴う福島第一原子力発電所の事故は予測された人災であって、本書においても当初から「高リスク」としてあり、原子力を有効なエネルギーと考えておりませんでした。原料のウランは化石燃料ですから当然のことでしたが、本書の予測は残念ながら的中したと言えます。

本書で扱った環境とエネルギーの問題は人類の生存を脅かすことになると予想されるわけですが、原発事故はそれに対する啓示であるといえます。

二〇一六年九月

野田　正治

参考文献

『地震の日本史』寒川 旭著　中公新書
『江戸東京まちづくり物語』田村 明著　時事通信社
『まちづくりの実践』田村 明著　岩波新書
『まちづくりと景観』田村 明著　岩波新書
『プランB』レスター・ブラウン著　北城恪太郎監訳　ワールドウォッチジャパン
『東京の空間人類学』陣内秀信著　筑摩書房
『平城京遷都』千田 稔著　中公新書
『江戸の陰陽師』宮元健次著　人文書院
『都市デザインの系譜』相田武文、土屋和男共著　鹿島出版会
『都市デザイン』J・バーネット著　兼田敏之訳　鹿島出版会
『玉川上水その歴史と役割』羽村市教育委員会
『玉川上水三五〇年の軌跡』羽村市郷土博物館
『ゼロエミッションと日本経済』三橋規宏著　岩波新書
『ゼロ・エミッション国際会議』国際連合大学編集
『間の構造』奥野健男著　集英社

『東大で教えた社会人学』草間俊介＋畑村洋太郎著　文藝春秋
『情報の文化史』樺山紘一著　朝日新聞社
新宿歴史博物館常設展示目録
『江戸名所図屏風――大江戸劇場の幕が開く』内藤正人著　小学館
活気にあふれた江戸の町『熈代勝覧』の日本橋　小澤弘・小林忠著　小学館
『江戸・東京の川と水辺の事典』鈴木理生 編著　柏書房
『住宅巡礼』中村好文著　新潮社
『日本の住宅』太田博太郎著　彰国社
『コート・ハウス論』西澤文隆著　相模書房
『日本の建築と庭』西澤文隆実測図集刊行会編　中央公論美術出版
『環境先進国・江戸』鬼頭 宏著　ＰＨＰ研究所
『水の環境戦略』中西準子著　岩波新書
『生物と無生物のあいだ』福岡伸一著　講談社
『かくれた次元』エドワード・ホール著　日高敏隆、佐藤信行訳　みすず書房
ＣＧ世界遺産『古代ローマ』ＣＧ製作 後藤克典　双葉社
『桂離宮』俵万智、十文字美信著　新潮社
『パリの奇跡』松葉一清著　講談社現代新書
『構造用教材』日本建築学会編集

『神道はなぜ教えがないのか』島田裕巳著　ベスト新書
『風土』和辻哲郎著　岩波文庫
『百代の過客』ドナルド・キーン著　講談社学術文庫
『哲学マップ』貫成人著　ちくま新書
『日本型リーダーはなぜ失敗するのか』半藤一利著　文春新書
『身体の文学史』養老孟司著　新潮選書
『人類哲学序説』梅原猛著　岩波新書

〈著者紹介〉

野田正治（のだ　まさはる）

1947年静岡県富士市に生まれる。
静岡県立富士高校を経て、1970年東京理科大学工学部建築学科卒業。

設計経歴

東レ株式会社、雨宮建築設計事務所、丹下健三・都市・建築設計研究所を経て、1996年ナウ環境計画研究所を設立し現在に至る。

大学経歴

1996年より東京理科大学工学部建築学科非常勤講師、工学院大学建築学科非常勤講師、芝浦工業大学建築工学科非常勤講師を各数年間務める。
2004年目白大学社会学部社会情報学科特任教授となり現在に至る。

受賞

1998年京都市主催国際設計コンクール「21世紀京都の未来」入賞
1986年乾式防火サイディング設計施工例コンテスト「富士の家」特選
1978年読売新聞主催住宅設計競技入賞
1974年新建築国際住宅設計競技　第1位　吉岡賞

資格

一級建築士

著書

『文明のサスティナビリティ』三弥井書店、2009年
『法隆寺コード』三弥井書店、2015年
『飛鳥の暗号』鳥影社、2016年

改訂版
文明の
サスティナビリティ

定価（本体1800円+税）

乱丁・落丁はお取り替えします。

2017年 3月 1日初版第1刷印刷
2017年 3月 7日初版第1刷発行
著　者　野田正治
発行者　百瀬精一
発行所　鳥影社 (www.choeisha.com)
〒160-0023 東京都新宿区西新宿3-5-12トーカン新宿7F
電話 03(5948)6470, FAX 03(5948)6471
〒392-0012 長野県諏訪市四賀229-1(本社・編集室)
電話 0266(53)2903, FAX 0266(58)6771
印刷・製本　シナノ印刷

ISBN978-4-86265-599-8 C0036